きほんの ドリル → 1.

サクッと こたえ あわせ

答え 81 ページ

① 対称な図形
Ｉ　線対称

[線対称な図形は、対称の軸を折り目にして折ったとき、折り目の両側がぴったり重なります。]

❶ 右の図は、線対称な図形です。　📖教14〜15ページ❶、15ページ❷　　30点(1つ10)

①　対称の軸をかきましょう。

②　点Ｂに対応する点はどれですか。

（　　　　　）

③　直線ＡＢに対応する直線はどれですか。

（　　　　　）

❷ 次のあ〜えの図形の中で、線対称な図形はどれですか。　📖教15ページ❸

全部できて20点

  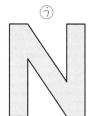 

あ　　　い　　　う　　　え

（　　　　　）

❸ （　）にあてはまることばをかきましょう。　📖教16ページ❺　　20点(1つ10)

①　線対称な図形では、対応する２つの点を結ぶ直線は、対称の軸と（　　　　　）に交わります。

②　対称の軸から、対応する２つの点までの長さは（　　　　　）なっています。

❹ 直線ＡＢが対称の軸になるように、線対称な図形をかきましょう。

📖教17ページ❼、❽　　30点

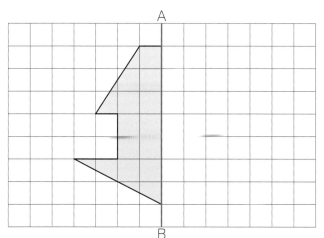

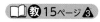

対称の軸を折り目にして折ると、
〜〜〜ります。

JN125638

きほんの
ドリル
→2.

時間 **15**分 | 合格 **80点** | /**100** | 月 日

サクッと
こたえ
あわせ

答え **81**ページ

① **対称な図形**
2 **点対称**

[点対称な図形は、対称の中心で180°まわすと、もとの形にぴったり重なります。]

❶ 右の図は点対称な図形で、点Oは対称の中心です。 📖教18〜19ページ**1**、19ページ**2**

30点(1つ10)

① 点Oを中心として180°まわしたとき点Aと重なる点はどれですか。

( )

② 点Bに対応する点はどれですか。

( )

③ 直線ABに対応する直線はどれですか。

( )

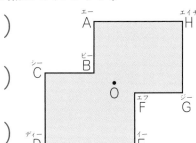

❷ 次のあ〜えの図形の中で、点対称な図形はどれですか。 📖教19ページ**3**

全部できて20点

あ M い S う Y え Z ( )

❸ ( )にあてはまることばをかきましょう。 📖教20ページ**5** 20点(1つ10)

① 点対称な図形では、対応する2つの点を結ぶ直線は、対称の( )を通ります。

② 対称の中心から、対応する2つの点までの長さは( )なっています。

❹ 点Oが対称の中心になるように、点対称な図形をかきましょう。

📖教21ページ**7**、**8** 30点

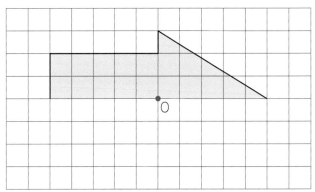

対称の中心を通る直線をひいて、
対応する点をみつけましょう。

教科書 📖 **18〜21ページ**

① 次の図のような四角形について答えましょう。　📖教22〜23ページ❶　　40点(1つ5)

長方形 　　　ひし形 　　　平行四辺形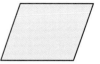

① 　線対称な図形か、点対称な図形かを調べます。あてはまるものには○、あてはまらないものには×を、右の表にかきましょう。

② 　線対称な図形には対称の軸が何本あるか、線対称でない図形には×を、右の表にかきましょう。

	線対称	点対称	軸の数
長方形	○		
ひし形			
平行四辺形			

② 次の図のような正多角形について答えましょう。　📖教23ページ❷　　60点(1つ5)

正三角形 　　正四角形（正方形）　　正五角形 　　正六角形

① 　線対称な図形か、点対称な図形かを調べます。あてはまるものには○、あてはまらないものには×を、右の表にかきましょう。

② 　線対称な図形には対称の軸が何本あるか、線対称でない図形には×を、右の表にかきましょう。

	線対称	点対称	軸の数
正三角形	○	×	
正四角形			
正五角形			
正六角形			

③ 　（ ）にあてはまることばをかきましょう。

　㋐ 　正多角形は、どれも（　　　　　　　　）な図形です。

　㋑ 　正多角形の対称の軸の数は、辺の数や（　　　　　　　　）の数と同じになっています。

時間 **15**分 | 合格 **80**点 | /**100** | 月　　日

② **文字と式**
1 　文字を使った式 ……(1)

答え **81** ページ

[数量の関係を式に表すとき、○や△の代わりに x や y などの文字を使うことがあります。]

❶ 同じ値段のノートを 4 冊買います。　📖教27〜28ページ❶　　50点(1つ10)

① ノート 1 冊の値段を x 円、4 冊の代金を y 円として、x と y の関係を式に表しましょう。

(　　　　　　　　)

② x の値を 80 としたとき、それに対応する y の値を求めましょう。

(　　　　　　　　)

③ x の値を 100 としたとき、それに対応する y の値を求めましょう。

(　　　　　　　　)

④ y の値が 480 となる x の値を求めましょう。

(　　　　　　　　)

⑤ y の値が 280 となる x の値を求めましょう。

(　　　　　　　　)

❷ 1 個 120 円のりんごを何個か買います。　📖教28ページ❷　　50点(1つ10)

① 買うりんごの個数を x 個、代金を y 円として、x と y の関係を式に表しましょう。

(　　　　　　　　)

② x の値 4 に対応する y の値を求めましょう。

(　　　　　　　　)

③ x の値 6 に対応する y の値を求めましょう。

(　　　　　　　　)

④ y の値が 600 となる x の値を求めましょう。

(　　　　　　　　)

⑤ 960 円では、このりんごを何個買うことができますか。

(　　　　　　　　)

教科書 📖 **26〜28ページ**

② 文字と式

1 文字を使った式　……(2)

❶ 同じ値段のえん筆を 6 本と、100 円のノートを 1 冊買います。　📖教29ページ❸

40点(①25、②1つ5)

①　えん筆 1 本の値段を x 円、代金を y 円として、x と y の関係を式に表しましょう。

（　　　　　　　　　　　）

②　x の値を 60、70、80 としたとき、それぞれに対応する y の値を求めて、下の表にかきましょう。

x(円)	60	70	80
y(円)			

❷ 高さが 12cm の三角形があります。　📖教30ページ❺、❻　60点(①・③20、②1つ5)

①　底辺を $x$cm、面積を $y$cm² として、x と y の関係を式に表しましょう。

（　　　　　　　　　　　）

②　x の値を 10、10.5、11、11.5 としたとき、それぞれに対応する y の値を求めて、下の表にかきましょう。

x(cm)	10	10.5	11	11.5
y(cm²)				

③　面積が 63cm² になるのは、底辺が何 cm のときですか。

（　　　　　　）

教科書 📖 29〜30ページ

5

② 文字と式
2 式のよみ方

❶ 右の絵で、みかん１個の値段を x 円としたとき、
次の式は何を表していますか。 📖教 32ページ❶
30点(1つ10)

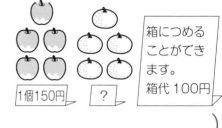

① $x×5+150$

(　　　　　　　　　　　　)

② $(x+150)×5$

(　　　　　　　　　　　　)

③ $x×4+100$ (　　　　　　　　　　　　)

❷ 次の数量の関係を式で表したとき、$x×7-50$ の式で表されるものには○、表せないも
のには×をつけましょう。 📖教 32ページ❷ 40点(1つ10)

① x 円の品物を７個買い、50円まけてもらったときの代金 (　　　)

② x g の品物７個を、50g の箱につめたときの重さ (　　　)

③ 毎日 x ページずつ１週間よんで、あと50ページ残っている本の全部のページ数

(　　　)

④ １束 x 枚の色紙７束のうち、50枚を使ったときの残りの枚数 (　　　)

❸ 右の図のような、長方形を組み合わせた図形の面積を、いろいろな考え方で求めます。①、
②、③ の式は、下の⑦～⑦のどの図から考えたものですか。

📖教 33ページ❹ 30点(1つ10)

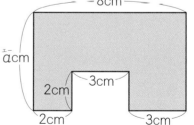

① $a×2+(a-2)×3+a×3$ (　　　)

② $(a-2)×8+2×2+2×3$ (　　　)

③ $a×8-2×3$ (　　　)

⑦

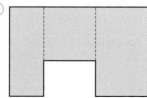
⑦

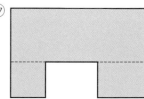
⑦

教科書 📖 32～33ページ

サクッと
こたえ
あわせ
答え 82ページ

③　分数×整数、分数÷整数

分数×整数

1 □にあてはまる数をかきましょう。　教37ページ**1**、38ページ**3**　20点(全部できて1つ10)

① $\dfrac{3}{5}×2=\dfrac{3×2}{5}=\dfrac{□}{5}$

分子に整数を
かければいいですね。

② $\dfrac{2}{7}×14=\dfrac{□×\boxed{□}}{7}=□$

2 次の計算をしましょう。　教37ページ**2**、38ページ**4**　60点(1つ5)

① $\dfrac{1}{5}×2$

② $\dfrac{3}{4}×2$

③ $\dfrac{2}{5}×3$

④ $\dfrac{3}{8}×4$

⑤ $\dfrac{5}{9}×5$

⑥ $\dfrac{4}{10}×6$

⑦ $\dfrac{8}{11}×7$

⑧ $\dfrac{7}{12}×9$

⑨ $\dfrac{9}{13}×5$

⑩ $\dfrac{5}{14}×7$

⑪ $\dfrac{11}{15}×9$

⑫ $\dfrac{7}{16}×8$

3 $\dfrac{3}{5}$ m² の画用紙を 5 枚並べると、何 m² になりますか。

教37〜38ページ　20点(式15・答え5)

式

答え（　　　　　　　　）

教科書 36〜38ページ

きほんの
ドリル

 時間 15分 ｜ 合格 80点 ｜ ／100

月　日

 サクッと こたえ あわせ

答え 82ページ

③ 分数×整数、分数÷整数

分数÷整数

❶ □にあてはまる数をかきましょう。 📖教39ページ❶、40ページ❷ 20点(全部できて1つ10)

① $\dfrac{5}{6} \div 3 = \dfrac{\boxed{}}{6 \times 3} = \dfrac{\boxed{}}{\boxed{}}$

分母に整数を かければいいですね。

② $\dfrac{4}{5} \div 2 = \dfrac{\boxed{}}{\boxed{} \times \boxed{}} = \dfrac{\boxed{}}{\boxed{}}$

❷ 次の計算をしましょう。 📖教40ページ❸ 60点(1つ5)

① $\dfrac{1}{2} \div 2$

② $\dfrac{1}{5} \div 2$

③ $\dfrac{2}{3} \div 4$

④ $\dfrac{3}{4} \div 5$

⑤ $\dfrac{2}{3} \div 3$

⑥ $\dfrac{5}{6} \div 5$

⑦ $\dfrac{3}{8} \div 7$

⑧ $\dfrac{4}{9} \div 2$

⑨ $\dfrac{9}{10} \div 3$

⑩ $\dfrac{6}{11} \div 3$

⑪ $\dfrac{7}{12} \div 5$

⑫ $\dfrac{6}{13} \div 9$

❸ $\dfrac{3}{5}$ L のジュースを 3 人に等しく分けます。1 人分は何 L になりますか。

📖教39ページ❶ 20点(式15・答え5)

式

答え（　　　　　　　）

教科書 📖 39〜40ページ

時間 15分 | 合格 80点 | /100 | 月 日

サクッとこたえあわせ
答え 82ページ

④ **分数×分数**

Ⅰ 分数をかける計算 ……(1)

[分数のかけ算では、分母どうし、分子どうしを、それぞれかけます。]

❶ 1dL で $\frac{2}{3}$ m² ぬれるペンキがあります。このペンキ $\frac{4}{5}$ dL でぬれる面積は何 m²

ですか。次の □ にあてはまる数をかいて求めましょう。

教43ページ❶、44ページ❷、45ページ❹ 　20点（式全部できて15・答え5）

式

$$\frac{2}{3} \times \frac{4}{5} = \frac{\boxed{} \times \boxed{}}{\boxed{} \times \boxed{}} = \boxed{}$$

分母どうし、分子どうしを、かければいいんだね。

答え $\boxed{}$ m²

❷ 次の計算をしましょう。 　教45ページ❺ 　　　80点（1つ5）

① $\frac{2}{3} \times \frac{5}{7}$ 　② $\frac{2}{5} \times \frac{4}{9}$ 　③ $\frac{5}{8} \times \frac{3}{4}$ 　④ $\frac{3}{7} \times \frac{2}{5}$

⑤ $\frac{2}{3} \times \frac{1}{3}$ 　⑥ $\frac{3}{7} \times \frac{2}{7}$ 　⑦ $\frac{7}{9} \times \frac{1}{5}$ 　⑧ $\frac{5}{6} \times \frac{1}{6}$

⑨ $\frac{7}{4} \times \frac{5}{9}$ 　⑩ $\frac{5}{3} \times \frac{4}{7}$ 　⑪ $\frac{8}{5} \times \frac{2}{3}$ 　⑫ $\frac{7}{4} \times \frac{3}{4}$

⑬ $\frac{4}{5} \times \frac{8}{3}$ 　⑭ $\frac{5}{7} \times \frac{5}{2}$ 　⑮ $\frac{4}{3} \times \frac{8}{5}$ 　⑯ $\frac{7}{4} \times \frac{5}{3}$

サクッと
こたえ
あわせ

答え 82ページ

④ **分数×分数**

1 分数をかける計算　……(2)

1 次の□にあてはまる数をかきましょう。📖教46ページ❻、❽　45点(全部できて1つ15)

① $2 \times \dfrac{3}{5} = \dfrac{\boxed{2} \times \boxed{}}{\boxed{1} \times \boxed{}} = \boxed{\dfrac{}{}}$

整数は、分母が1の分数に
なおすことができるよ。

② $8 \times \dfrac{5}{6} = \dfrac{\boxed{} \times \boxed{}}{6} = \boxed{\dfrac{}{}} = \boxed{}$

帯分数は、仮分数になお
して計算するんだ。

③ $1\dfrac{1}{2} \times 1\dfrac{1}{4} = \dfrac{\boxed{3}}{2} \times \dfrac{\boxed{5}}{4} = \dfrac{\boxed{} \times \boxed{}}{\boxed{} \times \boxed{}} = \boxed{\dfrac{}{}}$

2 次の計算をしましょう。📖教46ページ❼、❾　55点(1つ5)

① $3 \times \dfrac{1}{5}$

② $2 \times \dfrac{3}{7}$

③ $7 \times \dfrac{3}{8}$

④ $6 \times \dfrac{2}{9}$

⑤ $8 \times \dfrac{3}{10}$

⑥ $1\dfrac{2}{5} \times \dfrac{3}{4}$

⑦ $\dfrac{5}{6} \times 2\dfrac{3}{4}$

⑧ $1\dfrac{3}{4} \times 2\dfrac{1}{3}$

⑨ $4\dfrac{1}{2} \times 2\dfrac{1}{5}$

⑩ $\dfrac{2}{3} \times 1\dfrac{5}{7}$

⑪ $1\dfrac{1}{6} \times 2\dfrac{4}{7}$

教科書📖 **46ページ**

きほんの
ドリル
11.

④ **分数×分数**
Ⅰ　分数をかける計算　　　　　　　……(3)

時間 15分 ｜ 合格 80点 ｜ ／100

月　　日

サクッと
こたえ
あわせ

答え 83ページ

1 次の□にあてはまる数をかきましょう。　📖教47ページ■、■　30点（全部できて1つ10）

① $0.3 \times \dfrac{1}{4} = \dfrac{\square \times \square}{\square \times \square} = \dfrac{\square}{\square}$

② $1.2 = \dfrac{\square}{\square}$ だから、$\dfrac{5}{7} \times 1.2 = \dfrac{\square \times \square}{\square \times \square} = \dfrac{\square}{\square}$

③ $1.1 \times \dfrac{4}{15} \times 3 = \dfrac{\square \times \square \times \square}{\square \times \square \times \square} = \dfrac{\square}{\square}$

2 次の計算をしましょう。　📖教47ページ■、■　70点（1つ10）

① $1.3 \times \dfrac{2}{3}$

② $2.2 \times \dfrac{5}{8}$

③ $0.6 \times 1\dfrac{1}{9}$

④ $1\dfrac{1}{4} \times 0.3$

⑤ $\dfrac{5}{6} \times \dfrac{3}{7} \times 1.1$

⑥ $\dfrac{2}{7} \times 0.7 \times 3$

⑦ $0.5 \times \dfrac{4}{9} \times \dfrac{6}{7}$

教科書 📖 **47ページ**

時間 **15分** ｜ 合格 **80点** ／100 ｜ 月　日

サクッと
こたえ
あわせ

答え 83ページ

④ **分数×分数**
1　分数をかける計算　　　　　　　……(4)

［分数のかけ算でも、かける数が1より大きいと、積はかけられる数より大きくなります。」

❶ 次のかけ算の積の大きさは、それぞれ⑥、⑥、⑥のどれになりますか。

🔖教48ページ❶　20点(1つ4)

① $30×\dfrac{1}{5}$ （　　　） ② $30×\dfrac{5}{3}$ （　　　） ③ $30×1$ （　　　）

④ $30×\dfrac{5}{6}$ （　　　） ⑤ $30×1\dfrac{1}{3}$ （　　　）

⑥　積 > 30　　　⑥　積 = 30　　　⑥　積 < 30

❷ 次の□にあてはまる等号や不等号をかきましょう。　🔖教48ページ❶　30点(1つ5)

① $40×\dfrac{3}{8}$ □ 40　　② $40×1\dfrac{1}{2}$ □ 40　　③ $40×\dfrac{6}{5}$ □ 40

④ $60×\dfrac{7}{6}$ □ 60　　⑤ $70×1$ □ 70　　⑥ $80×\dfrac{3}{10}$ □ 80

❸ 次のかけ算の式を、積の大きい順に並べ、記号で答えましょう。

🔖教48ページ❷　50点(全部できて1つ25)

① ⑥ $24×\dfrac{5}{3}$　　　⑥ $24×\dfrac{8}{8}$　　　⑥ $24×\dfrac{5}{6}$　　　⑥ $24×2\dfrac{1}{4}$

（　　　→　　　→　　　→　　　）

② ⑥ $120×\dfrac{5}{6}$　　⑥ $120×\dfrac{3}{4}$　　⑥ $120×\dfrac{6}{5}$　　⑥ $120×1$

（　　　→　　　→　　　→　　　）

教科書 📖 **48ページ**

④　**分数×分数**
2　分数のかけ算を使って　　　……(1)

❶ 次の面積や体積を求めましょう。　📖教50ページ❶、❷、❸　　100点(式10・答え10)

① 縦 $\frac{2}{5}$ m、横 $\frac{3}{4}$ m の長方形の面積

式

答え（　　　　　）

② 1辺の長さが $\frac{2}{3}$ cm の正方形の面積

式

答え（　　　　　）

③ 底辺の長さが $\frac{5}{8}$ cm、高さが $\frac{2}{5}$ cm の平行四辺形の面積

式

答え（　　　　　）

④ 1辺の長さが $\frac{2}{3}$ cm の立方体の体積

式

答え（　　　　　）

⑤ 縦 $\frac{3}{4}$ m、横 $\frac{1}{2}$ m、高さ $\frac{2}{3}$ m の直方体の体積

式

答え（　　　　　）

教科書 📖 50ページ

④ **分数×分数**

2　分数のかけ算を使って　……(2)

❶ 次の時間を、（ ）の中の単位で表しましょう。　📖教51ページ❹　40点(1つ5)

①　$\frac{1}{4}$ 時間（分）

②　$\frac{4}{5}$ 時間（分）

③　$\frac{5}{6}$ 時間（分）

（　　　　　）　　（　　　　　）　　（　　　　　）

④　10分（時間）

⑤　20分（時間）

⑥　50分（時間）

（　　　　　）　　（　　　　　）　　（　　　　　）

⑦　$\frac{7}{5}$ 時間（分）

⑧　90分（時間）

（　　　　　）　　（　　　　　）

❷ 時速8kmで15分走りました。走った道のりは何kmですか。　📖教51ページ❺

30点(式20・答え10)

式

答え（　　　　　　　）

❸ 土地を1時間あたり28m² 整地する機械で、45分間整地しました。整地した面積は何 m² ですか。　📖教51ページ❻　30点(式20・答え10)

式

答え（　　　　　　　）

教科書📖 **51ページ**

④ **分数×分数**
2　分数のかけ算を使って　　……(3)

[分数の逆数は、分母と分子を入れかえた分数になります。]

1 下の分数の中から 2 つ選んでかけたとき、積が 1 になるのは、どれとどれですか。

教52ページ❶　20点(全部できて1つ10)

$$\frac{3}{4} \quad \frac{2}{3} \quad \frac{4}{5} \quad \frac{3}{2} \quad \frac{4}{3} \quad \frac{5}{6}$$

2つの数の積が1になるとき、
一方の数を他方の数の逆数と
いいます。

（　　と　　）（　　と　　）

2 次の分数の逆数をかきましょう。　教52ページ❸　　40点(1つ5)

① $\frac{3}{7}$　　② $\frac{4}{5}$　　③ $\frac{7}{4}$　　④ $\frac{8}{3}$

（　　　）（　　　）（　　　）（　　　）

⑤ $\frac{5}{6}$　　⑥ $\frac{9}{4}$　　⑦ $1\frac{2}{3}$　　⑧ $\frac{1}{7}$

（　　　）（　　　）（　　　）（　　　）

3 次の数の逆数をかきましょう。　教52ページ❷、❹　　40点(1つ5)

① 4　　　　　② 7

整数や小数は
分数になおし
てみよう。

（　　　）　　　（　　　）

③ 0.9　　　　④ 0.03　　　　⑤ 0.23

（　　　）　　　（　　　）　　　（　　　）

⑥ 1.3　　　　⑦ 12　　　　⑧ 2.5

（　　　）　　　（　　　）　　　（　　　）

きほんの ドリル 16。

④ **分数×分数**

2　分数のかけ算を使って　……(4)

時間 **15**分　合格 **80**点　／**100**　　月　日

サクッと こたえ あわせ　答え **84**ページ

[計算のきまりは、分数のときにも成り立ちます。]

> **計算のきまり**
> $a+b=b+a$、$(a+b)+c=a+(b+c)$
> $a\times b=b\times a$、$(a\times b)\times c=a\times(b\times c)$
> $(a+b)\times c=a\times c+b\times c$、$(a-b)\times c=a\times c-b\times c$

❶ 次の ☐ にあてはまる数をかきましょう。　📖教53ページ❶　　50点(☐1つ5)

① $\dfrac{1}{4}+\dfrac{5}{7}+\dfrac{9}{7}=\dfrac{1}{4}+\left(\boxed{}+\dfrac{9}{7}\right)=\dfrac{1}{4}+\boxed{}=2\dfrac{1}{4}$

② $\dfrac{3}{5}\times\dfrac{2}{9}\times\dfrac{5}{3}=\dfrac{2}{9}\times\left(\boxed{}\times\dfrac{5}{3}\right)=\dfrac{2}{9}\times\boxed{}=\dfrac{2}{9}$

③ $\dfrac{5}{3}\times\dfrac{5}{8}+\dfrac{1}{9}\times\dfrac{5}{8}=\left(\dfrac{5}{3}+\boxed{}\right)\times\boxed{}=\dfrac{16}{9}\times\boxed{}=\dfrac{10}{9}$

④ $\dfrac{13}{6}\times\dfrac{7}{8}-\dfrac{4}{3}\times\dfrac{7}{8}=\left(\boxed{}-\dfrac{4}{3}\right)\times\boxed{}=\dfrac{5}{6}\times\boxed{}=\dfrac{35}{48}$

⚠️ミスに注意!

❷ 計算のきまりを使って、くふうして計算しましょう。　📖教53ページ❷　　30点(1つ10)

① $\dfrac{3}{7}\times\dfrac{4}{5}\times\dfrac{5}{4}$　　② $\left(\dfrac{4}{9}+\dfrac{1}{2}\right)\times18$　　③ $\dfrac{4}{5}\times\dfrac{3}{8}-\dfrac{7}{15}\times\dfrac{3}{8}$

❸ 右の平行四辺形の ▨ 部分の面積を求めましょう。　📖教53ページ❸　　20点(式15・答え5)

式

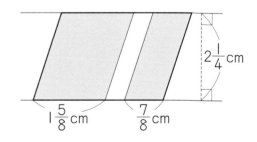

答え（　　　　　）

(平行四辺形の寸法) $2\dfrac{1}{4}$ cm、$1\dfrac{5}{8}$ cm、$\dfrac{7}{8}$ cm

教科書 📖 **53ページ**

④ 分数×分数

1 次の計算をしましょう。　　　　　　　　　　　　　　　　　40点(1つ5)

① $\dfrac{1}{4} \times \dfrac{3}{5}$

② $\dfrac{3}{8} \times \dfrac{3}{4}$

③ $\dfrac{2}{7} \times \dfrac{1}{6}$

④ $\dfrac{4}{3} \times \dfrac{9}{8}$

⑤ $4 \times \dfrac{1}{5}$

⑥ $6 \times 2\dfrac{1}{3}$

⑦ $3\dfrac{1}{3} \times 4\dfrac{1}{2}$

⑧ $0.6 \times \dfrac{5}{6} \times \dfrac{2}{3}$

2 次の時間を、( )の中の単位で表しましょう。　　　　　15点(1つ5)

① $\dfrac{2}{3}$ 時間 (分)

② $\dfrac{11}{12}$ 時間 (分)

③ 25 分 (時間)

(　　　　　) 　　(　　　　　) 　　(　　　　　)

3 自転車に乗って、時速 9km で 20 分走りました。走った道のりは何 km ですか。

30点(式20・答え10)

式

答え (　　　　　　　)

4 次の数の逆数をかきましょう。　　　　　　　　　　　　15点(1つ3)

① $\dfrac{5}{7}$　　② $1\dfrac{2}{3}$　　③ 4　　④ 0.3　　⑤ 1.5

(　　) (　　) (　　) (　　) (　　)

きほんの ドリル 18.

⑤ **分数÷分数**
Ⅰ　分数でわる計算

……（1）

時間 **15**分　｜　合格 **80点** ／**100**

月　　日

サクッと こたえ あわせ

答え **84**ページ

［分数のわり算では、わる数の逆数をかけます。］

1 次の□にあてはまる数をかきましょう。　📖教58ページ**2**　　20点（全部できて1つ10）

① $\dfrac{2}{5} \div \dfrac{1}{3} = \dfrac{\boxed{2}}{\boxed{5}} \times \dfrac{\boxed{3}}{\boxed{1}} = \dfrac{\boxed{} \times \boxed{}}{\boxed{} \times \boxed{}} = \boxed{\dfrac{}{}}$

わる数の逆数は どうなるか考え てみましょう。

② $\dfrac{5}{7} \div \dfrac{4}{3} = \dfrac{\boxed{} \times \boxed{3}}{\boxed{} \times \boxed{4}} = \boxed{\dfrac{}{}}$

2 次の計算をしましょう。　📖教59ページ**5**　　80点（1つ5）

① $\dfrac{1}{4} \div \dfrac{3}{5}$

② $\dfrac{2}{7} \div \dfrac{5}{6}$

③ $\dfrac{7}{9} \div \dfrac{5}{4}$

④ $\dfrac{3}{10} \div \dfrac{4}{7}$

⑤ $\dfrac{4}{5} \div \dfrac{7}{12}$

⑥ $\dfrac{8}{9} \div \dfrac{7}{10}$

⑦ $\dfrac{5}{8} \div \dfrac{3}{4}$

⑧ $\dfrac{5}{6} \div \dfrac{8}{9}$

⑨ $\dfrac{5}{8} \div \dfrac{3}{10}$

⑩ $\dfrac{4}{5} \div \dfrac{2}{3}$

⑪ $\dfrac{4}{7} \div \dfrac{4}{5}$

⑫ $\dfrac{6}{11} \div \dfrac{4}{9}$

⑬ $\dfrac{5}{9} \div \dfrac{4}{15}$

⑭ $\dfrac{14}{15} \div \dfrac{7}{10}$

⑮ $\dfrac{3}{10} \div \dfrac{9}{16}$

⑯ $\dfrac{5}{12} \div \dfrac{5}{6}$

教科書 📖 **56〜59ページ**

| 時間 15分 | 合格 80点 | /100 |

月　日

サクッと
こたえ
あわせ

答え 84ページ

[帯分数は仮分数に、整数は分母が1の分数になおしてから計算します。]

1 次の□にあてはまる数をかきましょう。　📖教60ページ**6**、**8**　20点(全部できて1つ10)

① $2\dfrac{1}{3} \div \dfrac{4}{5} = \dfrac{\boxed{7}}{\boxed{3}} \times \dfrac{\boxed{}}{4} = \dfrac{\boxed{}}{\boxed{}}$

帯分数を仮分数に
なおすと……

② $3 \div \dfrac{2}{5} = \dfrac{\boxed{}}{\boxed{}} \div \dfrac{\boxed{}}{\boxed{}} = \dfrac{\boxed{}}{\boxed{}} \times \dfrac{\boxed{}}{\boxed{}} = \dfrac{\boxed{}}{\boxed{}}$

2 次の計算をしましょう。　📖教60ページ**7**、**9**　60点(1つ5)

① $1\dfrac{1}{3} \div \dfrac{3}{4}$

② $\dfrac{5}{7} \div 1\dfrac{1}{5}$

③ $1\dfrac{5}{7} \div \dfrac{3}{5}$

④ $1\dfrac{4}{5} \div \dfrac{3}{10}$

⑤ $\dfrac{8}{9} \div 1\dfrac{3}{5}$

⑥ $\dfrac{3}{5} \div 2\dfrac{4}{7}$

⑦ $1\dfrac{5}{6} \div 2\dfrac{1}{4}$

⑧ $2\dfrac{2}{3} \div 1\dfrac{7}{9}$

⑨ $5 \div \dfrac{2}{3}$

⑩ $16 \div \dfrac{8}{9}$

⑪ $\dfrac{3}{5} \div 4$

⑫ $1\dfrac{3}{7} \div 10$

3 1Lあたりの重さが $\dfrac{4}{5}$ kgの油があります。この油 $3\dfrac{1}{5}$ kgでは、何Lになりますか。

📖教60ページ**10**　20点(式15・答え5)

式

答え（　　　　　　　　）

教科書 📖 60ページ

⑤ **分数÷分数**
Ⅰ　分数でわる計算　　　　　　　　　　……(3)

1 次の□にあてはまる数をかきましょう。　📖教61ページ**1**、**3**　20点（全部できて1つ10）

① $0.6 = \dfrac{\Box}{\Box}$ だから、$0.6 \div \dfrac{6}{7} = \dfrac{\Box \times \Box}{\Box \times \Box} = \boxed{\dfrac{}{}}$

② $1.2 \div \dfrac{8}{5} \div 3 = \dfrac{\Box}{\Box} \div \dfrac{8}{5} \div \dfrac{\Box}{\Box} = \dfrac{\Box \times \Box \times \Box}{\Box \times \Box \times \Box} = \boxed{\dfrac{}{}}$

2 次の計算をしましょう。　📖教61ページ**2**、**4**　　40点（1つ5）

① $1.3 \div \dfrac{2}{5}$

② $\dfrac{3}{5} \div 0.9$

③ $\dfrac{3}{4} \div 0.5$

④ $0.4 \div \dfrac{4}{7}$

⑤ $1\dfrac{4}{5} \div 1.8$

⑥ $2.4 \div 3\dfrac{1}{3}$

⑦ $\dfrac{3}{4} \div 0.8 \times \dfrac{8}{9}$

⑧ $\dfrac{7}{12} \div 2 \times 0.6$

3 かけ算だけの式になおしてから計算をしましょう。　📖教61ページ**5**　40点（1つ10）

① $0.8 \div 6 \div 1.8$

② $1.2 \div 1.8 \times 1.6$

③ $4.5 \times \dfrac{6}{5} \div 0.6$

④ $8 \div 9 \times 1.5$

教科書 📖 **61ページ**

サクッと
こたえ
あわせ

⑤ 分数÷分数
1 分数でわる計算 ……(4)

答え 85ページ

[わる数が 1 よりも大きいと、商はわられる数よりも小さくなります。]

❶ 次のわり算の商の大きさは、それぞれあ、い、うのどれになりますか。

教62ページ❶ 50点(1つ10)

① $30÷\dfrac{3}{5}$ （　　　）　② $30÷\dfrac{1}{3}$ （　　　）　③ $30÷1\dfrac{1}{5}$ （　　　）

④ $30÷1$ （　　　）　⑤ $30÷\dfrac{5}{3}$ （　　　）

> あ 商 < 30　　　い 商 = 30　　　う 商 > 30

❷ 次の□にあてはまる等号や不等号をかきましょう。 教62ページ❶ 30点(1つ5)

① $50÷\dfrac{5}{7}$ □50　　② $50÷1\dfrac{2}{3}$ □50　　③ $50÷\dfrac{5}{9}$ □50

④ $60÷\dfrac{12}{5}$ □60　　⑤ $35÷1$ □35　　⑥ $90÷2\dfrac{1}{7}$ □90

❸ 次のわり算の式を、商の大きい順に並べ、記号で答えましょう。

教62ページ❷ 20点(全部できて1つ10)

① あ $48÷\dfrac{8}{9}$　　い $48÷\dfrac{6}{5}$　　う $48÷1$　　え $48÷2\dfrac{2}{5}$

（　　　→　　　→　　　→　　　）

② あ $180÷1\dfrac{4}{5}$　い $180÷\dfrac{15}{4}$　う $180÷\dfrac{2}{3}$　え $180÷\dfrac{3}{5}$

（　　　→　　　→　　　→　　　）

教科書 62ページ

⑤ **分数÷分数**

2 割合を表す分数

❶ 白のひもの長さは 30cm です。赤のひもは白のひもの $\frac{4}{5}$ 倍、青のひもは白のひもの $\frac{5}{3}$ 倍の長さです。赤のひもと青のひもでは、どちらが何 cm 長いですか。

教64〜65ページ❶　35点(式25・答え10)

式

答え （　　　　　　　　　　　　）

❷ 針金が $\frac{3}{8}$ m、ロープが $\frac{3}{4}$ m あります。針金の長さは、ロープの長さの何倍ですか。

教66ページ❸　25点(式15・答え10)

式

答え （　　　　　　　　　）

❸ ある学校の、6 年生の人数は 80 人です。これは、学校全体の人数の $\frac{2}{5}$ にあたります。この学校全体の人数は何人ですか。次の □ にあてはまる数をかきましょう。

教67ページ❺　20点(全部できて式1つ10)

6年生の人数　　　式　学校全体の人数 × ┃──┃ =80 人

学校全体の人数　　式　80÷ ┃──┃ = ┃　　　┃ 人

かけ算の逆だから、
わり算になるね。

❹ 次の □ にあてはまる数をかきましょう。　教67ページ🔺　20点(1つ5)

① ┃　　　┃ 人の $\frac{2}{3}$ は 30 人です。　② 30kg は、┃　　　┃ kg の $\frac{3}{5}$ です。

③ ┃　　　┃ L の $\frac{3}{8}$ は 60L です。　④ 600 円は、┃　　　┃ 円の $\frac{4}{7}$ です。

教科書 64〜67ページ

⑤ 分数÷分数

1 次の計算をしましょう。　　　　　　　　　　　60点（1つ5）

① $\dfrac{2}{5} \div \dfrac{3}{4}$

② $\dfrac{3}{5} \div \dfrac{5}{7}$

③ $\dfrac{4}{9} \div \dfrac{5}{6}$

④ $\dfrac{2}{7} \div \dfrac{4}{5}$

⑤ $\dfrac{3}{8} \div \dfrac{3}{4}$

⑥ $1\dfrac{5}{16} \div \dfrac{7}{8}$

⑦ $\dfrac{5}{6} \div 3\dfrac{1}{8}$

⑧ $7 \div 2\dfrac{1}{3}$

⑨ $3\dfrac{3}{8} \div 5\dfrac{1}{4}$

⑩ $\dfrac{6}{7} \div \dfrac{8}{9} \div \dfrac{3}{4}$

⑪ $\dfrac{3}{8} \times \dfrac{1}{7} \div \dfrac{9}{14}$

⑫ $\dfrac{6}{7} \div \dfrac{3}{5} \times 0.4$

2 次の ☐ にあてはまる数を求めましょう。　　　　20点（式5・答え5）

① ☐ m の $\dfrac{3}{4}$ は 60m です。

式

答え（　　　　　　　）

② $\dfrac{3}{4}$ は、☐ の $\dfrac{5}{6}$ です。

式

答え（　　　　　　　）

3 $\dfrac{1}{4}$ dL で $\dfrac{4}{5}$ m² のかべをぬれるペンキがあります。　　20点（式5・答え5）

① このペンキ 1dL でぬれる面積は何 m² ですか。

式

答え（　　　　　　　）

② 2m² のかべをぬるのに、ペンキを何 dL 使いますか。

式

答え（　　　　　　　）

教科書 📖 56〜69ページ

⑥ **場合を順序よく整理して**

Ⅰ　場合の数の調べ方 ……(1)

答え 86ページ

[図や表をかいて、落ちや重なりがないように調べます。]

❶ 赤、青、黄、白の旗があります。この旗のうち、2色を選ぶには、どんな組み合わせが
あるでしょう。　📖教71ページ❶　　40点(①10、②全部できて20、③10)

① 右の図は、赤とほかの色との組み合わせを線でつないだ
ものです。これ以外の2色の組み合わせを線でつなぎま
しょう。

赤 ── 青
黄　　　白

② どんな組み合わせがありますか。(例)のようにして、す
べてかきましょう。

(例)赤と青

(　　　　　　　　　　　　)

③ 何とおりの組み合わせがありますか。

(　　　　　　　)

❷ A、Bの2人がじゃんけんをします。　📖教71ページ❶　　30点(1つ10)

① Aがグーを出すとき、Bは何とおりの出し方がありますか。

(　　　　　　　)

② Aがチョキを出すとき、Bは何とおりの出し方がありますか。

(　　　　　　　)

③ A、B2人のじゃんけんの出し方は、全部で何とおりありますか。

(　　　　　　　)

❸ A、B、C、D、Eの5種類のカードがあります。このカード
のうち4種類を1組にします。　📖教72ページ❸、❹

A B C D E

30点(①全部できて20、②10)

① 4種類のカードの組み合わせを、(例)のようにして、
すべてかきましょう。

(例)ABCD

組み合わせに
選ばれないカード
を調べよう。

(　　　　　　　　　　　　)

② 何とおりの組み合わせがありますか。

(　　　　　　　)

教科書 📖 70〜72ページ

⑥ 場合を順序よく整理して
１ 場合の数の調べ方　　　……(2)　答え 86ページ

[まず１番目をきめたときの並べ方を樹形図で調べ、１番目にくるものが何種類あるかを考えます。]

❶ A、B、C、Dの４人がリレーで走ります。

📖教73ページ❶　40点（①全部できて20、②・③10）

① 右の図は、第１走者をきめてから、次に第２、
第３、第４走者の順番をきめようとしたものです。
図の○にA〜Dをかきましょう。

② Bが第１走者になる場合は何とおりありますか。

（　　　　　）

③ ４人がリレーで走る順番は、全部で何とおりありますか。

（　　　　　）

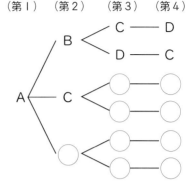

（第１）（第２）（第３）（第４）

このような図のことを
樹形図といいます。

❷ 赤、青、黄、緑、白の５色のうちの２色を使って、右の
図のような旗をつくります。全部で何とおりつくれますか。

📖教74ページ❹　20点

（　　　　　）

❸ １、２、３、４の４枚のカードのうち２枚を選んで、２けた
の整数をつくります。　📖教74ページ❺

40点（１つ20、①は全部できて20）

① ２けたの整数をすべてかきましょう。

（　　　　　　　　　　　　　　　　）

② ２けたの整数は、全部で何個できますか。

（　　　　　）

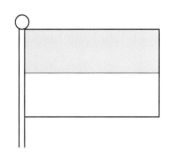

きほんの
ドリル
26.

⑥ **場合を順序よく整理して**

2 いろいろな条件を考えて　……(1)

| 時間 15分 | 合格 80点 | /100 |

サクッと
こたえ
あわせ

答え 86ページ

月　　日

[すべての組み合わせを調べ、その中からあてはまる場合をみつけます。]

❶ 右の図のような、べんとう、飲み物、くだ
ものの中から、それぞれ1つずつ選んで組み合
わせて買います。　📖教76〜77ページ❶

60点(1つ20)

べ
ん
と
う

450円　600円　520円

飲
み
物

120円　150円　140円

く
だ
も
の

80円　100円　90円

① 組み合わせは何とおりありますか。

（　　　　　　）

② 代金がいちばん安いときの組み合わせ
では、何円になりますか。

（　　　　　　）

③ 代金が900円以上になる組み合わせはありますか。

（　　　　　　）

❷ A、B、C、Dの4つの地点が、右の図のような
位置にあります。

点Aから出発して、点B、C、Dをみんなまわり、
点Aに帰ってきます。　📖教78ページ❷、❸

40点(①全部できて20、②1つ10)

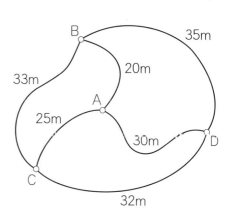

① AからDまでどんなまわり方がありますか。
すべてかきましょう。

［

］

② どのような順に歩くと、道のりがいちばん短くなりますか。2つかきましょう。

（　　　　　　　　　　）（　　　　　　　　　　）

教科書 📖 **76〜78ページ**

きほんの
ドリル
27。

⑥ 場合を順序よく整理して
2　いろいろな条件を考えて　……(2)

時間 15分 ｜ 合格 80点 ｜ /100

月　日

サクッと
こたえ
あわせ

答え 86ページ

[3つのなかまにそれぞれ何人の人がはいるかを考えます。]

1 ひろみさんのクラスで、イヌやネコをかっている人の数を調べました。クラスの人数は全部で 30 人です。　📖教79ページ❶　　　　　　　　60点(1つ20)

・イヌをかっている人	12 人
・ネコをかっている人	8 人
・両方かっている人	3 人

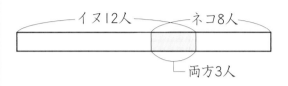

イヌ12人　　ネコ8人
└両方3人

① イヌだけをかっている人は何人ですか。

　　　　　　　　　　　　（　　　　　　）

② ネコだけをかっている人は何人ですか。

　　　　　　　　　　　　（　　　　　　）

③ ひろみさんのクラスで、イヌもネコもかっていない人は何人ですか。

　　　　　　　　　　　　（　　　　　　）

2 スポーツクラブで、サッカーの試合と野球の試合を見に行くことになりました。参加者は全部で 61 人で、そのうちサッカーの試合は 45 人、野球の試合は 28 人でした。

📖教79ページ❷　40点(1つ20)

① サッカーと野球の両方に申しこんだ人は何人ですか。

　　　　　　　　　　　　（　　　　　　）

② サッカーの試合を見に行く人には 300 円、野球の試合を見に行く人には 200 円、両方見に行く人には 400 円を、スポーツクラブから出すことになりました。
　　スポーツクラブが出すおかねは、全部で何円ですか。

　　　　　　　　　　　　（　　　　　　）

⑦ 円の面積 ……(1)

[円の面積を、方眼の数を調べて見積もります。]

1 方眼を使って、半径 11cm の円のおよその面積を求めましょう。 📖教90〜91ページ❷

100点(①〜⑤10、⑥□1つ10、⑦式10・答え10)

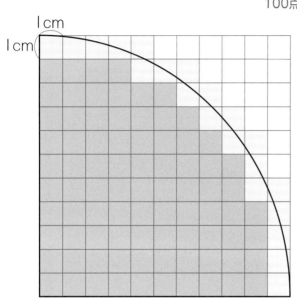

円周の通っている方眼は、1cm² の半分の 0.5 cm² として計算します。

① 円周が通らない方眼 ▨ の数は、全部でいくつありますか。 (   )

② 方眼 ▨ の面積は全部で何 cm² になりますか。 (   )

③ 円周の通っている方眼 □ は、全部でいくつありますか。 (   )

④ 円周の通っている方眼 □ はどれも 0.5cm² と考えると、□ の面積は全部で

何 cm² になりますか。 (   )

⑤ ②と④から、円の $\frac{1}{4}$ の面積は何 cm² になりますか。 (   )

⑥ ⑤から、半径 11cm の円の面積は何 cm² になりますか。□にあてはまる数を

かきましょう。

　　　　[   ]×4=[   ] 　　　　約[   ]cm²

⑦ 半径 11cm の円の面積は、半径を 1 辺とする正方形の面積の約何倍になってい

ますか。四捨五入で、$\frac{1}{10}$ の位まで求めましょう。

式

　　　　　　　　　　　　　　　　　答え 約(   )

教科書 📖 88〜91ページ

⑦ **円の面積** ……(2)

円の面積の公式／面積の公式を使って

答え **87**ページ

[円の面積 ＝ 半径 × 半径 × 円周率]

1 次の円の面積を求めましょう。 教93ページ❸

60点（式10・答え5）

①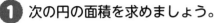

5cm

②

6cm

円周率は 3.14
を使おう。

式

答え（　　　　）

③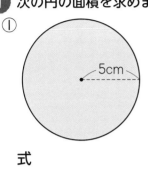

8cm

答え（　　　　）

④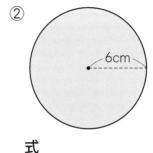

20cm

式

式

答え（　　　　）

答え（　　　　）

2 次の図形の色をぬった部分の面積を求めましょう。 教95ページ❷

40点（式15・答え5）

①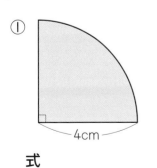

4cm

②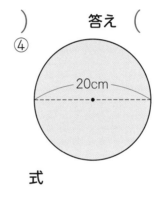

10cm
10cm

式

式

答え（　　　　）

答え（　　　　）

教科書 **92〜95ページ**

 時間 **15**分 | 合格 **80**点 | /**100** | 月 日

サクッと
こたえ
あわせ
答え **87** ページ

⑧ 立体の体積

角柱の体積

[角柱の体積 = 底面積 × 高さ]

❶ 右の図のような 2 つの角柱があります。

📖教99〜100ページ❶

40点（①・③式10・答え5、②10）

① 四角柱の体積を求めましょう。

式

6cm 6cm
3cm 3cm
4cm 4cm

答え（　　　　　　）

② 三角柱の底面積は何 cm² ですか。

（　　　　　　）

③ 三角柱の体積を、底面積 × 高さ の公式を使って求めましょう。

式

答え（　　　　　　）

❷ 次の図のような角柱の体積を求めましょう。 📖教101ページ❸、❹ 60点（式15・答え5）

①

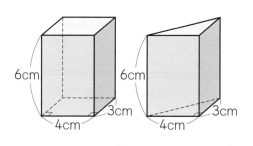

5cm
4cm
6cm

式

②

8cm
10cm
6cm

式

答え（　　　　　　）

答え（　　　　　　）

③

3cm
4cm
5cm
6cm

式

答え（　　　　　　）

教科書📖 **98〜101ページ**

⑧ **立体の体積**
円柱の体積／体積の求め方のくふう

[円柱の体積＝底面積×高さ]

1 右の図のような円柱の体積を求めます。
　　　📖教102ページ１　40点(①10、②□1つ5・答え10)

① 円柱の体積は、次の公式で求められます。
　（ ）にあてはまることばをかきましょう。

　円柱の体積＝(　　　　　　　)×高さ

② 次の □ にあてはまる数をかいて、円柱の体積を求めましょう。

式 (□×□×3.14) × □ = □

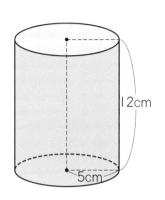

12cm
5cm

答え (　　　　　　　)

2 右のような円柱の体積を求めましょう。
　　　📖教102ページ２　30点(式20・答え10)

式

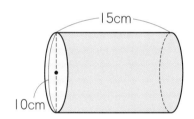

15cm
10cm

答え (　　　　　　　)

[2つの四角柱に分けたり、立体の体積＝底面積×高さ　を使ったりして求められます。]

3 右のような立体の体積を求めましょう。
　　　📖教103ページ１　30点(式20・答え10)

式

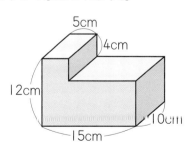

5cm
4cm
12cm
10cm
15cm

答え (　　　　　　　)

31

時間 **15**分 ／ 合格 **80点** ／ 100 ／ 月 日

サクッと
こたえ
あわせ

答え **87** ページ

対称な図形／文字と式

1 図のような三角形や四角形について、あ～きの記号で答えましょう。

30点(全部できて1つ10)

二等辺三角形 あ　　　直角三角形 い　　　正三角形 う

長方形 え　　　正方形 お　　　平行四辺形 か　　　ひし形 き

① 線対称でも点対称でもない図形はどれですか。 （　　　　　）

② 点対称ではあるが、線対称ではない図形はどれですか。 （　　　　　）

③ 線対称であり、点対称でもある図形はどれですか。 （　　　　　）

2 １本 0.9 L のジュースが x 本あります。

30点(1つ15)

① 全部の量を y L として、x と y の関係を式に表しましょう。

（　　　　　）

② x の値 12 に対応する y の値を求めましょう。

（　　　　　）

3 同じ値段のえん筆を 3 本と、120 円のノートを 1 冊買います。

40点(1つ10)

① えん筆 1 本の値段を x 円、代金を y 円として、x と y の関係を式に表しましょう。

（　　　　　）

② x の値 50 に対応する y の値を求めましょう。

（　　　　　）

③ y の値が 330 になる x の値を求めましょう。

（　　　　　）

④ y の値が 420 になる x の値を求めましょう。

（　　　　　）

分数×整数、分数÷整数／分数×分数 分数÷分数

サクッと
こたえ
あわせ
答え 87 ページ

1 次の計算をしましょう。 45点（1つ5）

① $\dfrac{1}{3} \times \dfrac{2}{5}$

② $\dfrac{3}{4} \times \dfrac{3}{7}$

③ $3 \times \dfrac{2}{7}$

④ $\dfrac{2}{5} \times 3$

⑤ $1\dfrac{2}{3} \times \dfrac{2}{7}$

⑥ $\dfrac{3}{4} \times 1\dfrac{2}{5}$

⑦ $\dfrac{2}{3} \times \dfrac{3}{5}$

⑧ $\dfrac{3}{4} \times \dfrac{8}{9}$

⑨ $\dfrac{5}{6} \times 1\dfrac{2}{7} \times \dfrac{2}{5}$

2 次の計算をしましょう。 45点（1つ5）

① $\dfrac{2}{3} \div 5$

② $\dfrac{2}{3} \div 2$

③ $\dfrac{8}{9} \div 4$

④ $\dfrac{3}{5} \div \dfrac{1}{4}$

⑤ $\dfrac{2}{9} \div \dfrac{3}{4}$

⑥ $\dfrac{3}{8} \div \dfrac{5}{4}$

⑦ $\dfrac{7}{10} \div \dfrac{14}{15}$

⑧ $1\dfrac{1}{3} \div 2\dfrac{2}{3}$

⑨ $6 \div 2\dfrac{1}{4}$

3 縦 $\dfrac{2}{3}$ m、横 $\dfrac{5}{8}$ m、高さ $\dfrac{3}{5}$ m の直方体の体積を求めましょう。 10点（式5・答え5）

式

答え（　　　　　　　）

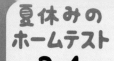
分数÷分数／場合を順序よく整理して
円の面積／立体の体積

時間 15分　合格 80点　／100

サクッとこたえあわせ
答え 88 ページ
月　日

1 次の計算をしましょう。　30点（1つ10）

① $\dfrac{5}{8} \times \dfrac{4}{9} \div \dfrac{5}{6}$

② $\dfrac{1}{4} \div \dfrac{5}{6} \div \dfrac{3}{5}$

③ $3.5 \div 4.5 \times 1.5$

2 赤、青、黄、緑の4色の折り紙の中から3色を選びます。　10点（①は全部できて5、②5）

① 組み合わせる3色に〇をつけて、右の表を完成させましょう。

② 組み合わせは、全部で何とおりあるでしょうか。

（　　　　　　　）

赤	青	黄	緑

3 次の図形の面積を求めましょう。　30点（式10・答え5）

①

12cm

式

②

6cm　6cm

式

答え（　　　　　　　）　　　答え（　　　　　　　）

4 次の図のような立体の体積を求めましょう。　30点（式10・答え5）

①

5cm
8cm
12cm

式

②
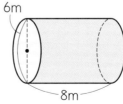

6m

8m

式

答え（　　　　　　　）　　　答え（　　　　　　　）

きほんのドリル 35

| 時間 15分 | 合格 80点 | /100 | 月　　日 |

サクッとこたえあわせ

⑨ データの整理と活用
Ｉ データの整理 ……(Ｉ)

答え 88ページ

❶ 右の表は、6年1組の男子と女子の算数のテストの点数を表したものです。

📖 数107〜108ページ**1**、109ページ**1**　　100点(①〜④( )1つ10、⑤全部できて1つ20)

① 男子の点数の平均点は何点ですか。

( )

② 女子の点数の平均点は何点ですか。

( )

算数のテストの点数

男　子				女　子			
番号	点数	番号	点数	番号	点数	番号	点数
①	85	⑥	63	①	88	⑥	73
②	76	⑦	74	②	90	⑦	82
③	65	⑧	90	③	68	⑧	68
④	80	⑨	70	④	71	⑨	63
⑤	93	⑩	85	⑤	98	⑩	78

③ 男子でいちばん高い点数と、いちばん低い点数は、それぞれ何点ですか。

いちばん高い点数 ( )　　いちばん低い点数 ( )

④ 女子でいちばん高い点数と、いちばん低い点数は、それぞれ何点ですか。

いちばん高い点数 ( )　　いちばん低い点数 ( )

⑤ 男子と女子のそれぞれの点数を、下の数直線を使ってドットプロットに表しましょう。

男子

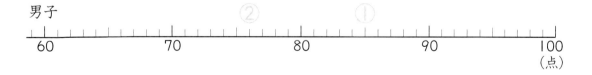

女子

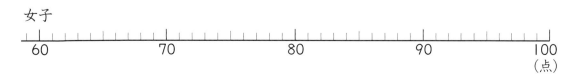

教科書 📖 **106〜109ページ**

35

⑨ **データの整理と活用**
| データの整理 ……(2)

[記録の特徴を表す値について調べます。]

❶ 次の表は、6年生男子のソフトボール投げの記録を表したものです。

📖教110〜111ページ❶　100点（①全部できて40、②・③30）

ソフトボール投げの記録

番号	記録 (m)	番号	記録 (m)	番号	記録 (m)	番号	記録 (m)
①	25	⑥	31	⑪	32	⑯	34
②	19	⑦	29	⑫	27	⑰	22
③	22	⑧	39	⑬	29	⑱	29
④	37	⑨	36	⑭	34	⑲	37
⑤	27	⑩	22	⑮	22	⑳	34

① ソフトボール投げの記録を、下の数直線を使ってドットプロットに表しましょう。

② ソフトボール投げの記録の中央値を求めましょう。

(　　　　)

③ ソフトボール投げの記録の最頻値を求めましょう。

(　　　　)

教科書📖 **110〜111ページ**

時間 15分 ｜ 合格 80点 ／100 ｜ 月 日

サクッと こたえ あわせ

⑨ データの整理と活用
2 ちらばりのようすを表す表・グラフ ……(1)

答え 88ページ

[240 以上は 240 に等しいかそれより大きい数、260 未満は 260 はふくまずそれより小さい数です。]

⚠️ミスに注意!

❶ 右の表は、6年1組の走りはばとび の記録です。 📖教112〜113ページ❶

65点(①空らん1つ5、②・③( )1つ10)

① 右の記録を、右下の表に整理し ましょう。

② 300cm以上の人は、何人です か。

( )

③ 人数がいちばん多い階級はどこですか。また、その 人数は何人ですか。

階級 (cm以上 cm未満)

人数 ( )

走りはばとびの記録

番号	きょり(cm)	番号	きょり(cm)	番号	きょり(cm)	番号	きょり(cm)
①	275	⑥	298	⑪	305	⑯	294
②	302	⑦	241	⑫	272	⑰	336
③	280	⑧	318	⑬	348	⑱	263
④	320	⑨	294	⑭	250	⑲	287
⑤	266	⑩	289	⑮	311	⑳	315

走りはばとびの記録

きょり(cm)	人数(人)
以上 未満 240 〜 260	
260 〜 280	
280 〜 300	
300 〜 320	
320 〜 340	
340 〜 360	
合 計	

[柱状グラフでは、棒グラフとはちがって、グラフの長方形と長方形をはなさないでかきます。]

❷ 次の表は、6年2組のソフトボール投げの記録を表したものです。

ちらばりのようすを、 ヒストグラムに表しま しょう。

📖教114〜115ページ❶

全部できて35点

ソフトボール投げの記録

きょり(m)	人数(人)
以上 未満 10 〜 15	2
15 〜 20	3
20 〜 25	7
25 〜 30	9
30 〜 35	5
35 〜 40	4
40 〜 45	2
合 計	32

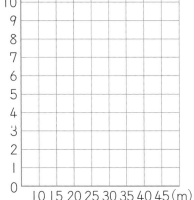
ソフトボール投げの記録

きほんのドリル 38.

時間 15分	合格 80点	/100

月　　日

サクッと こたえ あわせ

⑨ データの整理と活用

2　ちらばりのようすを表す表・グラフ……(2)

答え 88ページ

❶ 下の資料は、1950年と2010年の日本の人口について調べたものです。

📖教120〜121ページ❶　100点(①〜③( )1つ15、④25)

日本全国の男女別、年れい別の人口の割合

男性 — 女性

年れい	1950年 男性	1950年 女性	2010年 男性	2010年 女性
70以上	1.1	1.7	6.7	9.8
60〜69	2.3	2.6	7.0	7.4
50〜59	3.8	3.7	6.4	6.4
40〜49	5.0	5.1	6.7	6.6
30〜39	5.7	6.6	7.2	7.0
20〜29	8.0	8.7	5.5	5.3
10〜19	10.5	10.3	4.8	4.6
0〜9	12.7	12.2	4.4	4.2

(オ)　　　　　　　0　　　　　　　　　　　0
　　　　　　　　(%)　　　　　　　　　　(%)
　　　　　　　1950年　　　　　　　　2010年

① それぞれの年で、男性の人数がいちばん多いのは、どの区間ですか。

1950年 (　　　　　　　)

2010年 (　　　　　　　)

② それぞれの年で、20才未満の人口は、総人口の何%ですか。

1950年 (　　　　　　　)

2010年 (　　　　　　　)

③ 2010年で、女性の人数がいちばん多いのは、どの区間ですか。

(　　　　　　　　　　)

④ 1950年の40〜49才の人口は、約何万人ですか。

約 (　　　　　　　　)

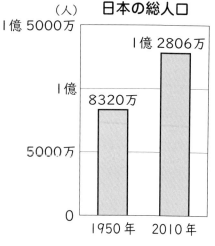

日本の総人口 (人)

1億5000万

1億2806万

1億

8320万

5000万

0　　　1950年　　2010年

教科書 📖 120〜121ページ

子ども会の準備

[表にかいて順序よく調べ、ちょうどよい場合をみつけましょう。]

❶ 1箱3個入りのケーキと4個入りのケーキを売っています。このケーキを25個買うには、それぞれ何箱ずつ買えばよいですか。

4個入りの箱の数を1、2、……と変えていったとき、3個入りの箱が何箱でケーキが25個になるか、表にかいて調べましょう。　📖教124ページ❶

50点（表全部できて30・答え1組10）

4個入り の箱	箱の数（箱）	1	2	3	4	5	6
	ケーキの数（個）	4	8				
残りのケーキの数（個）		21	17				
3個入りの箱の数（箱）		7	×				

4個入り（　　　　　）箱と3個入り（　　　　　）箱

4個入り（　　　　　）箱と3個入り（　　　　　）箱

❷ 長さ1mの板を使って、縦と横の長さの和が9mになる長方形の花だんをつくります。

花だんの面積をできるだけ大きくするには、縦と横の長さをそれぞれ何mにすればよいですか。縦の長さを1m、2m、……と変えて、表をつくって調べましょう。

📖教125ページ❸　50点（表全部できて30・答え1組10）

縦（m）	1	2					
横（m）	8	7					
面積（m²）	8	14					

縦（　　　　　）m、横（　　　　　）m

縦（　　　　　）m、横（　　　　　）m

教科書 📖 124～125ページ

時間 **15**分 ／ 合格 **80点** ／100 ／ 月 日

サクッと
こたえ
あわせ

⑩ 比とその利用

1 比／2 等しい比……(1)

答え **89**ページ

1 次の比をかきましょう。 📖教129ページ⚠ 16点(1つ8)

① 赤のテープ 12m と青のテープ 15m の長さの比

赤 [_____]12m

青 [_____]15m

( )

「aとbの比」は
a：bとかきます。

② 水とうの水 400mL とポットの
水 750mL の量の比

水とうの水   ポットの水

400mL   750mL

( )

[2 つの比で、それぞれの比の値が等しいとき、2 つの比は等しいといいます。]

2 右の図のような 2 つの長方形があります。

📖教130〜131ページ❶ 42点(( )1つ7)

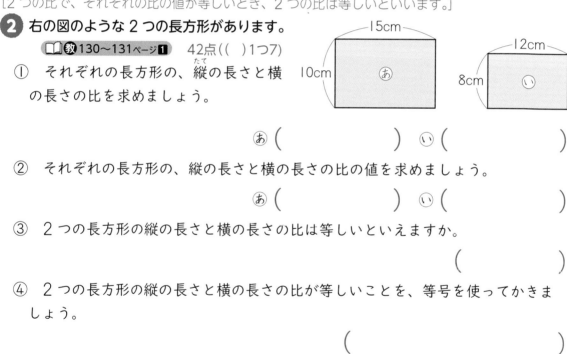

15cm
10cm あ
12cm
8cm い

① それぞれの長方形の、縦の長さと横
の長さの比を求めましょう。

あ ( ) い ( )

② それぞれの長方形の、縦の長さと横の長さの比の値を求めましょう。

あ ( ) い ( )

③ 2 つの長方形の縦の長さと横の長さの比は等しいといえますか。

( )

④ 2 つの長方形の縦の長さと横の長さの比が等しいことを、等号を使ってかきま
しょう。

( )

3 次の比の値を求めましょう。 📖教131ページ⚠ 42点(1つ7)

① 2：5 ( ) ② 4：7 ( ) ③ 9：3 ( )

④ 8：2 ( ) ⑤ 12：20 ( ) ⑥ 15：35 ( )

教科書 📖 **128〜131ページ**

⑩ **比とその利用**

2 **等しい比** ……(2)

時間 15分
合格 80点 /100
月　　日
答え 89ページ
サクッと
こたえ
あわせ

[$a:b$ の両方の数に同じ数をかけたり、両方の数を同じ数でわったりしてできる比は、すべて $a:b$ に等しくなります。]

❶ 次の式は等しい比を表しています。□にあてはまる数をかきましょう。

教132〜133ページ❶　　20点(全部できて1つ10)

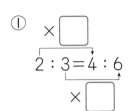

① $2:3=4:6$

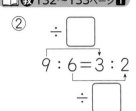

② $9:6=3:2$

❷ x にあてはまる数をかきましょう。 教133ページ❷　　30点(1つ5)

①　$20:30=2:x$　　②　$2:3=x:18$　　③　$25:75=x:3$

$(x=)$ 　　$(x=)$ 　　$(x=)$

④　$6:7=24:x$　　⑤　$40:30=60:x$　　⑥　$35:30=x:6$

$(x=)$ 　　$(x=)$ 　　$(x=)$

❸ 次の比を簡単にしましょう。 教133ページ❸、134ページ❷　　30点(1つ5)

①　$16:24$　　() 　　②　$90:30$　　()

③　$8:3.2$　　() 　　④　$1.6:3.2$　　()

⑤　$\dfrac{1}{2}:\dfrac{2}{3}$　　() 　　⑥　$\dfrac{2}{3}:\dfrac{3}{4}$　　()

❹ オレンジジュース 80mL と牛乳 50mL をまぜて、ミルクジュースをつくります。オレンジジュースの量と牛乳の量の比を、簡単な整数の比で表しましょう。

教132〜133ページ❶　　20点

$()$

教科書 132〜134ページ

| 時間 15分 | 合格 80点 | /100 | 月　　日 |

答え 89ページ

⑩　**比とその利用**

3　比を使った問題

❶ ある市の山の面積と平地の面積の比は 3：2 で、山の面積は 60km² です。平地の面積は何 km² ですか。　📖教136ページ❶

20点(式15・答え5)

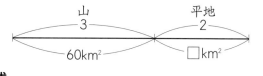

3：2＝60：□
になるように、□を
求めればいいですね。

式

答え (　　　　　　　)

❷ 画用紙に、縦と横の長さの比が 4：3 の長方形をかいて旗をつくります。

📖教136ページ❸　40点(式15・答え5)

①　縦の長さを 20cm にすると、横の長さは何 cm ですか。

式

答え (　　　　　　　)

②　横の長さを 12cm にすると、縦の長さは何 cm ですか。

式

答え (　　　　　　　)

❸ さやかさんは、84 枚の色紙を、妹と分けることにしました。

さやかさんの分と妹の分の色紙の枚数の比を 4：3 にするには、それぞれ何枚ずつに分けたらよいか求めましょう。　📖教137ページ❶

40点(1つ10)

①　さやかさんの分と妹の分は、それぞれ全体の何倍ですか。

さやかさん (　　　　　)　　妹 (　　　　　　)

②　さやかさんの分と妹の分は、それぞれ何枚ですか。

さやかさん (　　　　　)　　妹 (　　　　　　)

教科書 📖 136〜137ページ

⑪ 図形の拡大と縮小

I 　拡大図と縮図

[図形を、形を変えないで、大きくすることを拡大する、小さくすることを縮小するといいます。]

❶ 下のあ〜えの図形を見て、（　）にあてはまることばをかきましょう。

📖教141ページ❶　50点((　)1つ10)

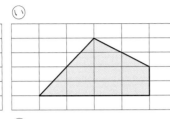

① いはあを横にのばしたもので、

（　　　　　　）も（　　　　　　）も

ちがいます。

② うはあを（　　　　　　　）にのばした

ものです。

③ あとえは、（　　　　　　　）はちがい

ますが、（　　　　　　　）は同じです。

❷ 形の同じ図形あといについて調べましょう。　📖教142ページ❷　　50点((　)1つ10)

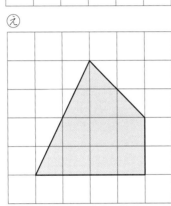

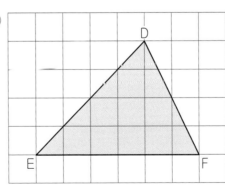

① あの点A、点B、直線ACは、それぞれいのどこに対応していますか。

点A（　　　　　　）　点B（　　　　　　）　直線AC（　　　　　　）

② 次の（　）にあてはまることばをかきましょう。

形の同じ2つの図形では、対応する辺の長さの（　　　　　　）はすべて等しく、

対応する角の（　　　　　　）はそれぞれ等しい。

教科書 📖 140〜142ページ

サクッと
こたえ
あわせ

⑪ **図形の拡大と縮小**

2　拡大図と縮図のかき方　……(1)

答え 89ページ

[方眼の目の数を数えて、それぞれの頂点の位置を決めていきます。]

1 右の図のような方眼紙にかかれた三角形 ABC の 2 倍の拡大
図をかいてみましょう。　教144ページ**1**　60点(1つ30)

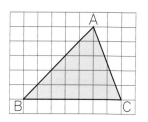

① 方眼の目が縦も横も 2 倍になった方
眼紙に、対応する点を順にとって、2
倍の拡大図をかきましょう。

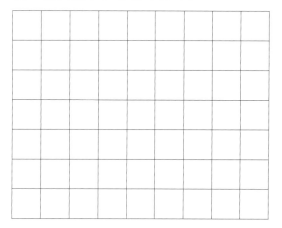

② 方眼の目が縦も横も同じ方眼紙に、
対応する点を順にとって、2 倍の拡大
図をかきましょう。

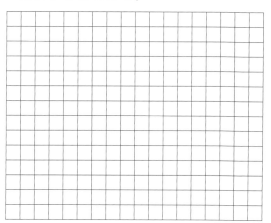

2 右の図のような方眼紙にかかれた
四角形の $\frac{1}{2}$ の縮図を、方眼の目が
縦も横も $\frac{1}{2}$ になった下の方眼紙に
かきましょう。　教144ページ**2**

40点

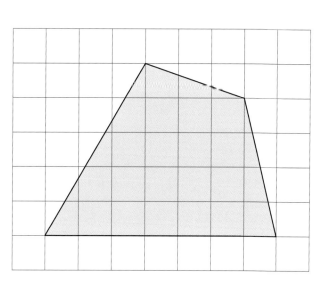

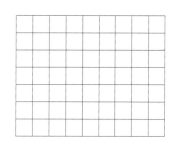

教科書 **144ページ**

きほんの
ドリル
45.

⑪ 図形の拡大と縮小
2 拡大図と縮図のかき方 ……(2)

時間 15分
合格 80点 /100
月 日

サクッと
こたえ
あわせ

答え 90ページ

[○倍の拡大図や縮図は、辺の長さは○倍にして、角の大きさはそのままにします。]

1 下の図のような三角形 ABC の 2 倍の拡大図、三角形 DEF をかきます。

教145ページ**1**　30点(1つ10)

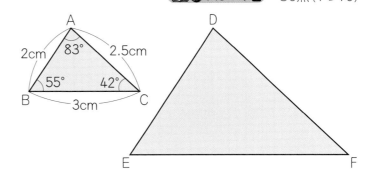

① はじめに、辺BCに対応する辺EFをかくとき、辺EFの長さを何cmにすればよいですか。

(　　　　)

② 角Eの大きさを何度にすればよいですか。

(　　　)

③ 辺DEの長さを何cmにすればよいですか。

(　　　)

2 下の図のような四角形 ABCD の 2 倍の拡大図、四角形 EFGH をかきます。

教146ページ**3**　70点(( )1つ10)

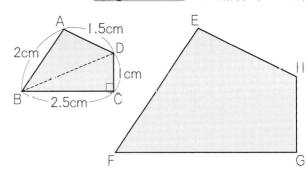

① 次の辺の長さは、それぞれ何cmにすればよいですか。

辺FG (　　　)

辺HG (　　　)

辺EF (　　　)

辺EH (　　　)

② 角Gの大きさを何度にすればよいですか。

(　　　)

③ 三角形BCDと同じ形の三角形はどれですか。

(　　　)

④ 三角形EFHと同じ形の三角形はどれですか。

(　　　)

教科書 145〜146ページ

⏱時間 15分 合格 80点 /100   月　日

サクッと
こたえ
あわせ

答え 90ページ

⑪ **図形の拡大と縮小**

2 拡大図と縮図のかき方 ……(3)

[図形の1つの頂点をきめ、その点からのきょりが何倍になるかを考えます。]

❶ 三角形 ABC を、頂点 B を中心にして、2倍に拡大した三角形 DBE をかきます。

📖教147ページ❶⑦　30点(1つ10)

① 辺 BD の長さは何 cm にすればよいですか。

（　　　　　　　）

② 辺 BE の長さは何 cm にすればよいですか。

（　　　　　　　）

③ 辺 DE の長さは何 cm にすればよいですか。

（　　　　　　　）

❷ 四角形 ABCD を、頂点 B を中心にして、2倍に拡大した四角形 EBGF をかきます。

📖教148ページ❷　30点(1つ10)

① 辺 BG の長さは何 cm にすればよいですか。

（　　　　　　　）

② AE の長さは何 cm にすればよいですか。

（　　　　　　　）

③ DF の長さは何 cm にすればよいですか。

（　　　　　　　）

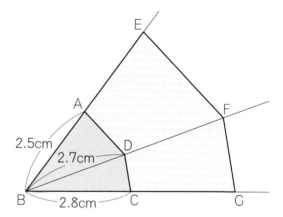

❸ 四角形 ABCD を、頂点 B を中心にして、$\frac{1}{2}$ に縮小した四角形 EBGF を、右の図にかきましょう。　📖教148ページ❸　40点

教科書 📖 147〜148ページ

時間 15分 ｜ 合格 80点 ｜ /100 ｜ 月　日

答え 90ページ

⑪　**図形の拡大と縮小**
3　縮図の利用

[縮図を利用することによって、実際の長さや直線きょりを求めることができます。]

❶ $\dfrac{1}{5000}$ の地図があります。　📖教150ページ❶　　　30点(1つ10)

①　実際の直線きょりは、この地図で表された長さの何倍ですか。

（　　　　　　　　）

②　この地図で表された長さが 4.6cm のとき、実際の直線きょりは何 m ですか。

（　　　　　　　　）

③　実際には 800m の直線きょりは、この地図では何 cm ですか。

（　　　　　　　　）

❷ 右の図のような台形の形をした土地があり、角Cと角Dは直角です。

$\dfrac{1}{1000}$ の縮図をかき、それを用いて、点Aから点Cまでの直線きょりを求めましょう。

📖教150ページ❷　全部できて30点

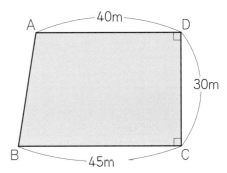

（　　　　　　　　）

❸ 右の図は、ビルを真上から見た図です。

$\dfrac{1}{1000}$ の縮図をかき、それを用いて、点Aから点Eまでの直線きょりを求めましょう。

📖教150ページ❷　全部できて40点

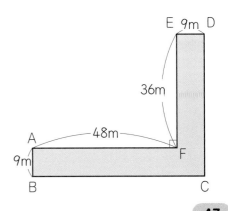

（　　　　　　　　）

教科書📖 150ページ

⑫　**比例と反比例**

Ⅰ　比　例　　　　　　　　　　……(1)　答え **90** ページ

[比例の関係を表す式　y＝きまった数×x]

❶　次の表は、水道管から水が出ている時間と水の深さの関係を表したものです。

📖教155〜156ページ❶、157〜158ページ❷　30点(1つ10)

時　間　（分）	1	2	3	4	5	6
水の深さ（cm）	3	6	9	12	15	18

①　時間が 2 倍、3 倍、……になると、水の深さはどのようになりますか。

（　　　　　　　　　　　　　）

②　時間が $\frac{1}{2}$ 倍、$\frac{1}{3}$ 倍、……になると、水の深さはどのようになりますか。

（　　　　　　　　　　　　　）

③　水の深さの値は、時間の値の何倍になっていますか。

（　　　　　　　　　　　　　）

❷　次の表は、2 つの量の関係を調べたものです。比例するものには○、そうでないものには×をつけましょう。　📖教155〜156ページ❶　40点(1つ10)

①　針金の長さと重さ　　　（　　　）

長さ（cm）	2	4	6	8	10
重　さ（g）	1	2	3	4	5

②　容器の中の水の量と全体の重さ（　　　）

水の量（L）	1	2	3	4	5
重　さ（kg）	1.2	2.2	3.2	4.2	5.2

③　面積が48cm²の長方形の縦と横（　　　）

縦（cm）	2	4	6	8	10
横（cm）	24	12	8	6	4.8

④　底辺が5cmの三角形の高さと面積（　　　）

高さ（cm）	1	2	3	4	5
面積（cm²）	2.5	5	7.5	10	12.5

❸　x と y の関係を式に表しましょう。　📖教159ページ❶、❷　30点(1つ10)

①　底辺が 5cm、高さが $x$cm の平行四辺形の面積は、$y$cm² です。

（　　　　　　　　　　　　　）

②　1m の重さが30g の針金は、xm で yg です。

（　　　　　　　　　　　　　）

③　分速 1.5km の電車は、x 分で $y$km 進みます。

（　　　　　　　　　　　　　）

教科書 📖 **154〜159ページ**

⑫ 比例と反比例
1 比例 ……(2)

❶ 次の表は、時速 2km で x 時間歩いたときの道のりを y km としたものです。

📖 教160〜162ページ❶ 100点(①1つ5、②・③20、④10、⑤1つ15)

x(時間)	0	0.5	1	1.5	2	2.5	3	3.5	4
y(km)	0	㋐	2	㋑	4	㋒	6	㋓	8

① 表の㋐〜㋓にあてはまる数をかきましょう。

㋐ ( ) ㋑ ( ) ㋒ ( ) ㋓ ( )

② x と y の関係を式に表しましょう。

( )

③ 右の方眼紙に、対応する x、y の値の
組を表す点をとりましょう。

④ 対応する x、y の値の組を表す点を順
につなぎましょう。

⑤ このグラフは、どのような線になって
いるでしょう。( )にあてはまることば
をかきましょう。

比例する関係を表すグラフは
( )で、横軸と( )
の交わる点(x の値 0、y の値 0)を通り
ます。

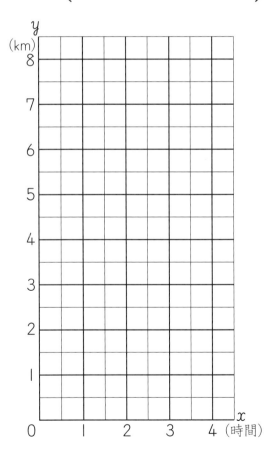

x、y の値の組を順につな
ぐと直線になるんだね。

きほんの
ドリル
50。

⑫ **比例と反比例**

Ⅰ　**比　例**
　　　　　　　　　　　　　　　　　　……(3)

答え **91**ページ

サクッと
こたえ
あわせ

[比例する関係を表すグラフは、横軸と縦軸の交わる点を通る直線になります。]

❶ 長さと重さが比例している鉄の棒があります。この鉄の棒 1m あたりの重さは 0.8kg です。　📖教163ページ❷

100点(①・②30、③40)

①　鉄の棒の長さを xm、重さを $y$kg として、x と y の関係を式に表しましょう。

（　　　　　　　　　　）

②　x の値 5 に対応する y の値を求めましょう。

（　　　　　）

③　下の方眼紙に、x と y の関係を表すグラフをかきましょう。

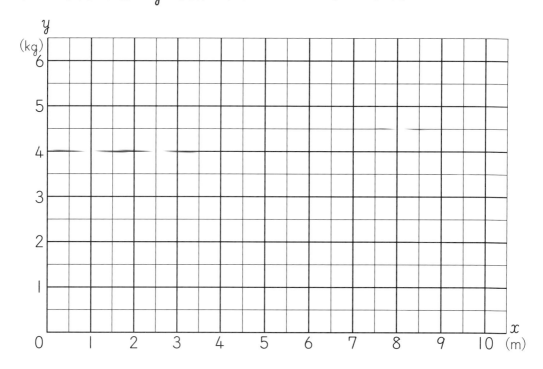

教科書 📖 **163ページ**

⑫ **比例と反比例**
Ⅰ 比 例 ……(4)

[比例する関係を表すグラフから、いろいろなことをよみとります。]

1 ある速さで走る自動車があります。
右のグラフは、この自動車の走った時間 x 分と走った道のり y km の関係を表したものです。 📖教166〜167ページ**3**

40点(1つ10)

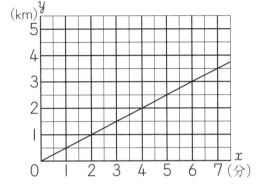

① Ⅰ分間で走る道のりは何 km ですか。

( )

② 3km の道のりを走るのにかかる時間は何分ですか。

( )

③ x と y の関係を式に表しましょう。

( )

④ 10分間で走る道のりは何 km ですか。

( )

2 右のグラフは、針金の長さ xm とその重さ yg の関係を表したものです。 📖教167ページ**4**

60点(1つ20)

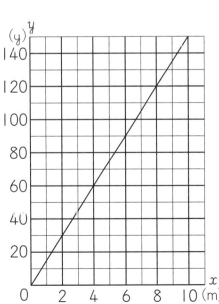

① 長さ 6m の針金の重さは何 g ですか。

( )

② 重さ120g の針金の長さは何 m ですか。

( )

③ 長さ20m の針金の重さは何 g ですか。

( )

教科書 📖 164〜167ページ

⑫ 比例と反比例
1 比 例……(5)／2 比例を使って

❶ 右のグラフは、自動車Aと自動車Bが走った時間と走った道のりの関係を表したものです。

📖教168〜169ページ❺

60点(①答え10・わけ20、②・③( )1つ10)

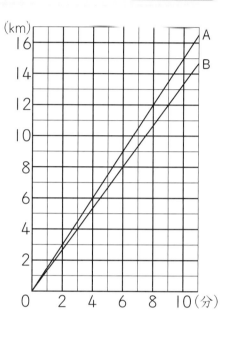

① AとBでは、どちらのほうが速いといえますか。そのようにいえるわけも説明しましょう。

答え (　　　　　　　)

わけ (　　　　　　　　　　　)

② 6分間に走る道のりはそれぞれ何kmですか。

A (　　　　　)

B (　　　　　)

③ AとBが同じ時刻に出発し、このままの速さで走るとすると、36kmの地点にはどちらが何分早く着きますか。

(　　　　　　　　　　　)

❷ 1枚の重さが4gのコインが何枚かあります。全部の重さをはかると約800gでした。コインのおよその枚数を求めます。　📖教170ページ❶

40点(①( )1つ10、②式全部できて15・答え5)

① 次のように考えることができます。( )にあてはまることばをかきましょう。

コインの重さは、その枚数に(　　　　　　)します。

枚数を全部数えなくても、全体の重さとコイン1枚の(　　　　　　)を調べれば、およその枚数を求めることができます。

② 次の□にあてはまる数をかいて、コインのおよその枚数を求めましょう。

式 □ ÷ □ = □

答え 約(　　　　　)

教科書 📖 168〜171ページ

⑫　**比例と反比例**
3　反比例　　　　　　　　　　　　……(|)

$\Big[$ x の値が 2 倍、3 倍、……になると、y の値が $\frac{1}{2}$ 倍、$\frac{1}{3}$ 倍、……になるとき、y は x に反比例するといいます。$\Big]$

1 次の表は、面積が 24cm² の長方形の縦の長さと横の長さの関係を表したものです。

📖教175〜176ページ**1**、176ページ**2**　60点(1つ20)

縦の長さ（cm）		2	3	4	5	6	8	12
横の長さ（cm）	24	12	8	6	4.8	4	3	2

①　縦の長さが 2 倍、3 倍、……になると、横の長さはどのようになりますか。

（　　　　　　　　　　）

②　縦の長さが $\frac{1}{2}$ 倍、$\frac{1}{3}$ 倍、……になると、横の長さはどのようになりますか。

（　　　　　　　　　　）

③　縦と横の長さの値の積は、いくつになっていますか。

（　　　　　　）

2 次の表は、72 枚の色紙を子どもたちに同じ枚数ずつ分けるときの、子どもの人数と、| 人分の枚数の関係を表したものです。　📖教175〜176ページ**1**、176ページ**2**

40点(①20、②1つ10)

子どもの人数（人）		2	3	4	6	8
	人分の枚数（枚）	72	36	24	18	12	9

①　子どもの人数が 2 倍、3 倍、……になると、| 人分の枚数はどうなりますか。

（　　　　　　　　　　）

②　次の（　）にあてはまることばや数をかきましょう。

子どもの人数と | 人分の枚数は（　　　　　　　）していて、子どもの人数と |

人分の枚数の積はいつも（　　　　　　）になっています。

教科書 📖 **174〜176ページ**

⑫　比例と反比例
3　反比例　　　　　……(2)

① 次の表は、2つの量の関係を調べたものです。　📖教175〜176ページ🔳、176ページ🔳

100点(①・②1つ10、③20)

あ　針金の長さと重さ

長　さ(m)	0.5	1	1.5	2	2.5	3
重　さ(g)	10	20	30	40	50	60

い　水そうから水を出したときの、1分ごとの水の深さ

時　間(分)	1	2	3	4	5	6
深　さ(cm)	80	75	70	65	60	55

う　1200mの道のりを行くときの分速と時間

分　速(m)	30	40	50	60	80	100
時　間(分)	40	30	24	20	15	12

え　容器の中の水の量と全体の重さ

水の量(L)	2	4	6	8	10	12
重　さ(kg)	2.5	4.5	6.5	8.5	10.5	12.5

①　それぞれの表を縦に見たとき、(一方の値)×(他方の値)＝(きまった数)　になる
ものには○、そうでないものには×をつけましょう。

あ (　　　　　) い (　　　　　) う (　　　　　) え (　　　　　)

②　それぞれの表を横に見たとき、一方の値が2倍、3倍、……になると、他方の

値は$\frac{1}{2}$倍、$\frac{1}{3}$倍、……になるものには○、そうでないものには×をつけましょう。

あ (　　　　　) い (　　　　　) う (　　　　　) え (　　　　　)

③　あ〜えのうち、2つの量が反比例しているものはどれですか。

(　　　　　)

きほんの
ドリル
55。

時間 15分 ｜ 合格 80点 ｜ /100 ｜ 月　日
サクッと
こたえ
あわせ

⑫　比例と反比例
3　反比例　　　　　　　　　　　　……(3)　答え 91ページ

[反比例する関係を表す式　$y=$ きまった数 $\div x$]

1 次の表は、面積が 36cm² の長方形で、縦の長さを $x$cm、横の長さを $y$cm として、縦の長さと横の長さの関係を調べたものです。　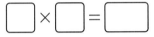　40点(1つ20)

縦の長さ x(cm)	1	2	3	4	6	9	12
横の長さ y(cm)	36	18	12	9	6	4	3

① 　□ にあてはまる文字や数をかいて、x と y の関係を式に表しましょう。

□ × □ = □

縦の長さと横の長さの積が
きまった数になるんだね。

② 　①の式を、y の値を求める式にかきなおしましょう。

(　　　　　　　　)

2 x と y の関係を式に表しましょう。　教177ページ▲　60点(1つ20)

① 　80L はいる水そうに水を入れるとき、1分間に入れる水の量 xL とかかる時間 y分

(　　　　　　　　)

② 　600円で買えるだけみかんを買うとき、みかん1個の値段 x円とみかんの個数 y個

(　　　　　　　　)

③ 　180ページある本をすべて読むとき、1日に読むページ数 xページとかかる日数 y日

(　　　　　　　　)

サクッと
こたえ
あわせ

答え 92ページ

⑫ **比例と反比例**

3　反比例　　　　　　　　　　　　……(4)

[反比例する関係を表すグラフは、直線にはなりません。]

❶ 面積が 8cm² の長方形の縦の長さを $x$cm、横の長さを $y$cm として、次の問いに答えましょう。　📖教178〜179ページ❶　　　100点(①20、②1つ5、③全部できて40)

① 　x と y の関係を、y の値を求める式で表しましょう。

(　　　　　　　　　　　)

② 　次の表は、x と y の対応する値の一部を表したものです。表のあいているところにあてはまる数をかきましょう。y の値は、$\frac{1}{10}$ の位までの概数にしましょう。

x(cm)	1	1.5	2	2.5	3	3.5	4	4.5	5	5.5	6	7	8
y(cm)	8	5.3			2.7					1.5		1.1	

③ 　上の表から、対応する x、y の値の組を表す点を、下の方眼紙の上にとりましょう。

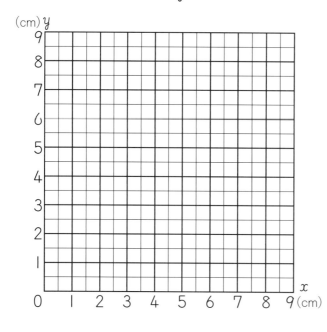

反比例の関係を表すグラフは、
比例のグラフのような直線には
ならないんだね。

教科書 📖 **178〜179ページ**

まとめの
ドリル
57。　⑫　比例と反比例

 時間 15分　合格 80点　／100　月　日

サクッと
こたえ
あわせ
答え 92ページ

1 次の 2 つの量が比例しているのは、㋐、㋑のどちらでしょうか。　20点

㋐　まわりの長さが 12cm の長方形の縦の長さ x cm と横の長さ y cm

縦の長さ x(cm)	1	2	3	4	5
横の長さ y(cm)	5	4	3	2	1

㋑　正五角形の 1 辺の長さ x cm とまわりの長さ y cm

1辺の長さ x(cm)	1	2	3	4	5
まわりの長さ y(cm)	5	10	15	20	25

（　　　　　）

2 水道管から 1 分間に 1.5L の水が出ています。
40点（①15、②25）

①　水道管から水が出ている時間 x 分と、出た水の量 y L の関係を式に表しましょう。

（　　　　　　　　　　　　）

②　x と y の関係を表すグラフを、右の方眼紙にかきましょう。

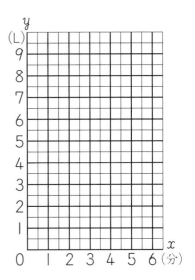

3 次の表は、面積がきまっている平行四辺形の底辺の長さ x cm と高さ y cm が反比例しているようすを表したものです。
表のあいているところに、あてはまる数をかきましょう。　40点（1つ4）

x(cm)	1	1.5		4.5		7.2	9			
y(cm)		15		7.5	6		4	3	2	1.8

ぴったりを探せ！

[変わり方のきまりをみつけて、問題を解きます。]

❶ 1本40円のえん筆と、1本90円のボールペンを、あわせて10本買って、650円はらいました。 📖教182ページ❶

30点(①10、②1つ10)

40円のえん筆(本)	0	1	2	
90円のボールペン(本)	10	9	8	
あわせた値段(円)	900	850	800	650

まず、ボールペン
だけを買ったとし
て考えるんだね。

①　えん筆が1本増えてボールペンが1本減るごとに、あわせた値段はどのように変わりますか。

（　　　　　　　　　　）

②　40円のえん筆と90円のボールペンを、それぞれ何本買いましたか。

えん筆（　　　　）本　　ボールペン（　　　　）本

❷ 1個55円のみかんと、1個75円のりんごを、あわせて12個買って、800円はらいました。それぞれ何個買いましたか。 📖教182ページ❷

30点(1つ15)

みかん(個)	0	1	2	
りんご(個)	12	11	10	
あわせた値段(円)	900	880	860	800

みかん（　　　　）個　　りんご（　　　　）個

❸ 1冊120円のノートと、1冊80円のノートを、あわせて20冊買いました。
120円のノートの代金のほうが、80円のノートの代金よりも1400円多くかかったそうです。 📖教183ページ❸

40点(①10、②1つ15)

120円のノート(冊)	10	11	12	
80円のノート(冊)	10	9	8	
代金の差(円)	400	600	800	1400

まず、両方のノート
を同じ数ずつ買った
として考えるよ。

①　120円のノートを1冊増やして、80円のノートを1冊減らすと、代金の差はどのように変わりますか。

（　　　　　　　　　　）

②　120円のノートと80円のノートを、それぞれ何冊買いましたか。

120円のノート（　　　　）冊　　80円のノート（　　　　）冊

きほんの ドリル 59。

プログラミング

時間 15分　合格 80点　　/100

月　　日

答え **92**ページ

わくわくプログラミング

[命令の組み合わせのことをプログラムといいます。]

1 次のようなプログラムをつくりました。　📖 教186〜187ページ

40点(①全部できて20、②20)

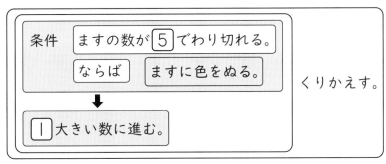

1	2	3	4	5	6
7	8	9	10	11	12
13	14	15	16	17	18
19	20	21	22	23	24
25	26	27	28	29	30
31	32	33	34	35	36

① 右の表の1のところからやってみましょう。

② どのような整数をみつけることができますか。

(　　　　　　　　　　　　　　　)

2 右の数の表の1のところから順に、7の倍数をみつけるプログラムをつくりました。

📖 教186〜187ページ　60点(□1つ15)

① 条件を使ってプログラムをつくりました。□にあてはまる数をかきましょう。

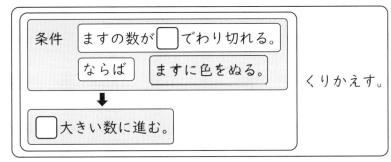

1	2	3	4	5	6
7	8	9	10	11	12
13	14	15	16	17	18
19	20	21	22	23	24
25	26	27	28	29	30
31	32	33	34	35	36

② 条件を使わないでプログラムをつくりました。□にあてはまる数をかきましょう。

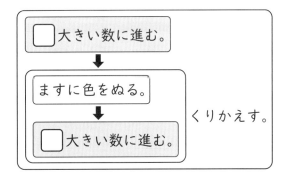

きほんの
ドリル
60。

時間 15分 | 合格 80点 | /100

月　日
サクッと
こたえ
あわせ
答え 92ページ

⑬ およその形と大きさ
1　およその形と面積

❶ 下の地図で色がぬってある部分は千葉県です。千葉県を三角形とみて、およその面積を求めましょう。 📖教191ページ❶　　　20点(式15・答え5)

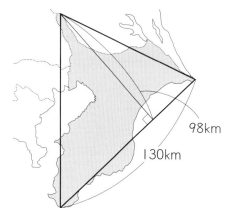

98km
130km

式

答え　約（　　　　　　　　　）

実際の千葉県の面積は、約5157km²ですが、計算で求めた面積のほうが大きいですね。

三角形の内側になっている部分が多いからです。

❷ 右の図は、消しゴムを上から見た図です。長方形とみて、消しゴムのおよその面積を求めましょう。方眼紙の1目もりは1cmです。 📖教191ページ❷
40点(式25・答え15)

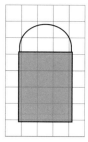

式

答え　約（　　　　　　）

❸ 右の図のような池があります。およその形を考えて、池のおよその面積を求めましょう。
方眼紙の1目もりは1mです。 📖教191ページ❷
40点(式25・答え15)

およそどんな形になるんだろう。

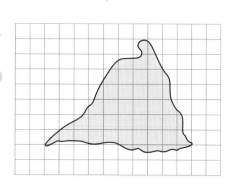

式

答え　約（　　　　　　）

教科書 📖 190〜191ページ

きほんの ドリル 61。

(時間)15分 | 合格 80点 | /100

サクッと こたえ あわせ

月　　日

答え 92ページ

⑬ **およその形と大きさ**

2 およその体積

1 右の図のような形をしたプールがあります。このプールの深さはどこも0.8mだそうです。

📖教192ページ**1**　35点(①1つ5、②式15・答え5)

① 水がはいったときのおよその形を直方体と考えたとき、縦・横・高さはそれぞれ何mになりますか。

縦 （　　　　　　）

横 （　　　　　　）

高さ （　　　　　　）

② このプールにはいる水の体積はおよそ何 m³ ですか。

式

答え　約（　　　　　　　　）

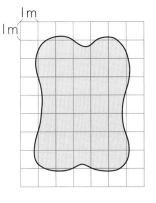

2 右の図は、浴そうの内側の長さをはかったものです。

📖教192ページ**2**　35点(①1つ5、②式15・答え5)

① この浴そうを直方体とみると、縦・横・高さはそれぞれ何mになりますか。

縦 （　　　　　　　）

横 （　　　　　　　）

高さ （　　　　　　　）

② この浴そうにはおよそ何 L の水がはいりますか。

式

答え　約（　　　　　　　　）

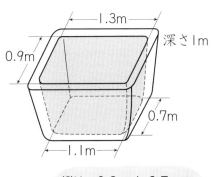

縦は、0.9mと0.7m の真ん中とみればいいよ。

3 右のようなケーキを円柱とみて、およその体積を求めましょう。　📖教192ページ**3**　30点(式20・答え10)

式

答え　約（　　　　　　　　）

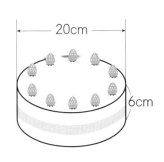

教科書📖 **192ページ**

時間 15分 ｜ 合格 80点 ／100 ｜ 月　日

サクッと
こたえ
あわせ

答え **93ページ**

62. データの整理と活用／比とその利用

⭐**1** 下の表は、6年生の男子20人の体重を表したものです。

60点（①・④全部できて15、②1つ5、③空らん1つ4）

6年生　男子の体重

番　号	①	②	③	④	⑤	⑥	⑦	⑧	⑨	⑩
体重（kg）	53	45	57	49	44	36	45	52	40	47
番　号	⑪	⑫	⑬	⑭	⑮	⑯	⑰	⑱	⑲	⑳
体重（kg）	49	42	50	39	52	47	59	44	54	47

① 男子20人の体重を、下の数直線を使ってドットプロットに表しましょう。

② 男子20人の体重の中央値と最頻値を求めましょう。

中央値 （　　　　　　　　） 最頻値 （　　　　　　　　）

③ 男子20人の体重を、
右の表に整理しましょう。

6年生　男子の体重

体重（kg）	人数（人）
以上　未満 35 ～ 40	2
40 ～ 45	
45 ～ 50	
50 ～ 55	
55 ～ 60	
合　計	

④ 男子20人の体重を、
ヒストグラムに表しま
しょう。

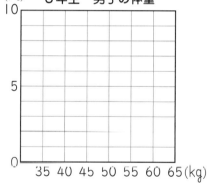

⭐**2** 次の2つの比が等しいものには○、等しくないものには×をつけましょう。

20点（1つ5）

① 4：5 と 10：20 （　　　） ② 12：18 と 6：9 （　　　）

③ 7：8 と 21：24 （　　　） ④ 40：56 と 5：8 （　　　）

⭐**3** 次の比を簡単にしましょう。

20点（1つ5）

① 15：35 ② 2.1：3 ③ 1.2：3.6 ④ $\frac{1}{4} : \frac{2}{3}$

（　　　　　） （　　　　　） （　　　　　） （　　　　　）

図形の拡大と縮小／およその形と大きさ
比例と反比例

1 次の拡大図や縮図をかきましょう。　　　　　　　　　　30点(1つ15)

① 頂点Bを中心にした2倍の拡大図　　② 頂点Bを中心にした$\frac{1}{2}$の縮図

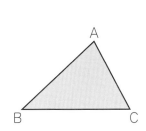

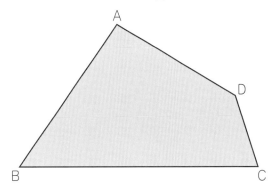

2 次の図の色をぬった部分のおよその面積を求めましょう。　　30点(式10・答え5)

①

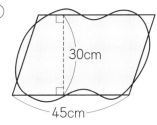

30cm

45cm

式

②

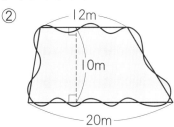

12m

10m

20m

式

答え　約（　　　　　　　　）　　答え　約（　　　　　　　　）

3 次のことがらのうち、ともなって変わる2つの量が比例するものには○、反比例するものには△、比例も反比例もしないものには×をつけましょう。　　40点(1つ10)

① （　　　　）　16kmの道のりを歩くときの、速さとかかる時間

② （　　　　）　60Lはいっている水そうから1分間に2Lずつ水をぬくときの、
　　　　　　　　　水をぬいた時間と水そうに残っている水の量

③ （　　　　）　円の直径と円周

④ （　　　　）　面積がきまっている三角形の底辺と高さ

よLOI、スタート！　　　……(1)

答え 93ページ

❶ おふろに水をいっぱい入れるのに、Aのじゃぐちでは8分、Bのじゃぐちでは12分かかります。 📖教198〜199ページ❶　　70点(①・②10、③・④式15・答え10)

① Aのじゃぐちで1分間に入れられる水の量は、おふろ全体を1としたときのどれだけにあたりますか。

（　　　　）

② Bのじゃぐちで1分間に入れられる水の量は、おふろ全体を1としたときのどれだけにあたりますか。

（　　　　）

③ AとBの両方のじゃぐちをいっしょに使うと、1分間に入れられる水の量は、おふろ全体を1としたときのどれだけにあたりますか。

式

答え（　　　　）

④ AとBの両方のじゃぐちをいっしょに使って水を入れると、何分でいっぱいになりますか。

式

1を、1分間にはいる水の量でわれば、かかる時間がでるね。

答え（　　　　）

❷ 庭の草ぬきをみゆきさん1人ですると30分、妹1人ですると45分かかります。みゆきさんと妹の2人で一緒にすると、何分かかりますか。 📖教199ページ▲
30点(式20・答え10)

式

答え（　　　　）

教科書 📖 198〜199ページ

きほんのドリル
65。 活用 よういスタート！ ……(2)

1 さなえさんは、家から学校まで行くのに、歩けば 10 分、走れば 5 分かかります。

📖教 200～201ページ 3　60点(①・②20、③式15・答え5)

① 1 分間に歩く道のりは、家から学校までの道のりのどれだけになりますか。

家から学校までの道のりを1と考えます。時間が $\frac{1}{10}$ だから、道のりも $\frac{1}{10}$ になります。

（　　　　　）

② 1 分間に走る道のりは、家から学校までの道のりのどれだけになりますか。

（　　　　　）

③ はじめ 8 分間歩き、そのあと走って、家から学校まで行きました。走ったのは何分ですか。

式

答え（　　　　　）

2 つよしさんは、家から公園まで行くのに、歩けば 15 分、走れば 6 分かかります。

📖教 201ページ 4　40点(式15・答え5)

① つよしさんは、はじめ 10 分歩き、そのあと走って、家から公園まで行きました。走ったのは何分ですか。

式

答え（　　　　　）

② つよしさんは、はじめ 5 分走り、そのあと歩いて、家から公園まで行きました。歩いたのは何分ですか。

式

答え（　　　　　）

時間 15分 | 合格 80点 | /100 | 月　日

6年のまとめ [数学へのパスポート]
1つ目の国　数と式（整数・小数・分数）

答え **94**ページ

① 下の数直線の㋐、㋑、㋒、㋓にあたる数をかきましょう。📖教210ページ❷　20点（1つ5）

0　　　　　　　　　　　0.5　　　　　　　　　1

㋐ (　　　　　　)　　㋑ (　　　　　　)　　㋒ (　　　　　　)　　㋓ (　　　　　　)

② □にあてはまる数をかきましょう。📖教210ページ❹　20点（1つ5）

① 280000 は、1000 を □ 個集めた数です。

② 450000 は、1万を □ 個集めた数です。

③ 17.8 は、0.1 を □ 個集めた数です。

④ 20.3 は、0.01 を □ 個集めた数です。

③ 四捨五入で、$\frac{1}{10}$ の位までの概数で表しましょう。📖教210ページ❺　15点（1つ5）

①　3.16　　　　　　　②　40.84　　　　　　　③　356.97

(　　　　　　)　　(　　　　　　)　　(　　　　　　)

④ 四捨五入で、上から2けたの概数で表しましょう。📖教210ページ❺　15点（1つ5）

①　6.74　　　　　　　②　29.62　　　　　　　③　139.58

(　　　　　　)　　(　　　　　　)　　(　　　　　　)

⑤ 次の数の最小公倍数をかきましょう。📖教210ページ❻　15点（1つ5）

①　3、18　　　　　　②　4、7　　　　　　③　12、15

(　　　　　　)　　(　　　　　　)　　(　　　　　　)

⑥ 次の数の最大公約数をかきましょう。📖教210ページ❻　15点（1つ5）

①　15、40　　　　　　②　14、63　　　　　　③　13、39

(　　　　　　)　　(　　　　　　)　　(　　　　　　)

教科書 📖 **208〜210ページ**

6年のまとめ［数学へのパスポート］
1つ目の国　数と式（分数と小数）

1 次の◯にあてはまる数をかきましょう。　📖教211ページ❶　　　10点（1つ5）

① $\dfrac{5}{7}$ は $\dfrac{1}{7}$ の ◯ 個分

② $\dfrac{5}{7} = 5 \div$ ◯

2 次の仮分数を帯分数に、帯分数を仮分数になおしましょう。　📖教211ページ❷
20点（1つ5）

① $\dfrac{7}{4}$

② $\dfrac{11}{3}$

③ $2\dfrac{2}{5}$

④ $1\dfrac{1}{7}$

3 約分しましょう。　📖教211ページ❸　　　20点（1つ5）

① $\dfrac{6}{9}$

② $\dfrac{9}{18}$

③ $\dfrac{25}{30}$

④ $\dfrac{16}{24}$

4 通分しましょう。　📖教211ページ❹　　　15点（1つ5）

① $\dfrac{3}{5}$、$\dfrac{5}{8}$

② $\dfrac{1}{6}$、$\dfrac{2}{9}$

③ $\dfrac{17}{24}$、$\dfrac{5}{6}$

5 分数は小数に、小数は分数になおしましょう。　📖教211ページ❺　　　20点（1つ5）

① $\dfrac{1}{5}$

② $\dfrac{7}{4}$

③ 0.6

④ 2.4

6 次の数の大小を、等号や不等号を使って表しましょう。　📖教211ページ❻　15点（1つ5）

① 3.5、$\dfrac{13}{4}$

② $\dfrac{8}{5}$、1.6

③ $\dfrac{5}{8}$、0.38

6年のまとめ [数学へのパスポート]
1つ目の国　数と式（式）

1 次のことがらについて、x と y の関係を式に表しましょう。　📖教212ページ⚠

60点(1つ15)

① 1個 x 円のパンを 6 個買ったときの代金 y 円

（　　　　　　　）

② 80cm のリボンから、$x$cm のリボンを 3 本切りとったときの、残りの長さ $y$cm

（　　　　　　　）

③ 1200m の道のりを分速 xm で歩くときにかかる時間 y 分

（　　　　　　　）

④ 底辺 12cm、高さ $x$cm の三角形の面積 $y$cm²

（　　　　　　　）

⚠ミスに注意!

2 右のように並んでいるおはじきの個数の求め方を、いろいろに考えて式に表しました。

①～④ の式は、それぞれ下の㋐～㋓のどの図で考えたものですか。記号で答えましょう。　📖教212ページ⚠

40点(1つ10)

① 5×5−1　　　　　　　　（　　　　）

② 5×4+4×1　　　　　　　（　　　　）

③ 6×4　　　　　　　　　　（　　　　）

④ 4×4+2×4　　　　　　　（　　　　）

㋐　㋑　㋒　㋓

教科書 📖 212ページ

きほんの
ドリル
69。

時間 15分　合格 80点　／100

月　日

サクッと
こたえ
あわせ
答え 94ページ

6年のまとめ [数学へのパスポート]
2つ目の国　計算と見積もり（計算、計算のきまりとくふう）

❶ 小数の計算をしましょう。わり算は、わり切れるまで計算しましょう。📖教214ページ⚠️、🅰️

32点（1つ4）

① 2.7+1.5　　② 9.7+0.26　　③ 6.7−2.5　　④ 1.4−0.8

⑤ 3.8×6　　⑥ 4.5×0.6　　⑦ 6.5÷2.6　　⑧ 1.2÷1.6

❷ 整数の商と余りを求めましょう。　📖教214ページ🅰️

16点（1つ4）

① 105÷8　　② 256÷13　　③ 87.4÷6　　④ 20.5÷6.7

❸ 分数の計算をしましょう。　📖教214ページ🅰️

32点（1つ4）

① $\dfrac{1}{3}+\dfrac{1}{5}$　　② $\dfrac{5}{6}+\dfrac{1}{4}$　　③ $\dfrac{14}{9}-\dfrac{5}{6}$　　④ $1\dfrac{1}{6}-\dfrac{3}{4}$

⑤ $\dfrac{7}{12}×\dfrac{3}{7}$　　⑥ $\dfrac{3}{4}×5$　　⑦ $\dfrac{8}{15}÷\dfrac{4}{9}$　　⑧ $\dfrac{3}{8}÷6$

❹ 計算のきまりを使って、次の計算をしましょう。　📖教215ページ🅰️

20点（1つ4）

① 3.6+2.8+6.4　　　　　② 25×30×4×6

③ 62×8+38×8　　　　　④ 7.6×3.4−5.6×3.4

⑤ 4397+99

時間15分　合格80点　/100　月　日

答え 94ページ　サクッとこたえあわせ

6年のまとめ［数学へのパスポート］
3つ目の国　図形と量（平面）

⚠ミスに注意！

1 下の平行四辺形で、あ～うの角の大きさは、それぞれ何度ですか。 教218ページ2

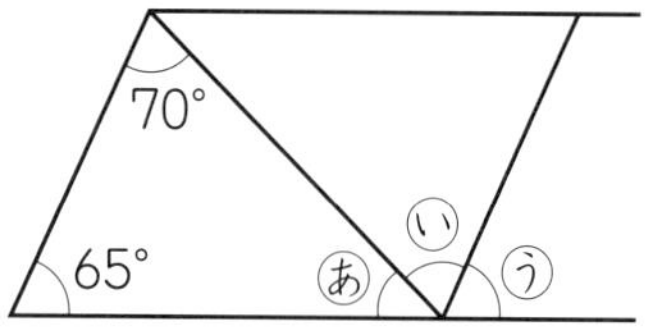

15点(1つ5)

あ（　　　）

い（　　　）

う（　　　）

2 次の図形の面積を求めましょう。ただし、円周率を3.14とします。 教219ページ5

40点(1つ10)

① 底辺8cm、高さ5cmの三角形（　　　）

② 底辺14cm、高さ12cmの平行四辺形（　　　）

③ 上底6cm、下底8cm、高さ5cmの台形（　　　）

④ 直径12cmの円（　　　）

3 三角形ABCの拡大図（かくだいず）が、三角形DBEです。

教219ページ7　25点(（　）1つ5)

① 三角形DBEは、三角形ABCの何倍の拡大図ですか。

（　　　）

② 次の辺の長さや角の大きさを求めましょう。

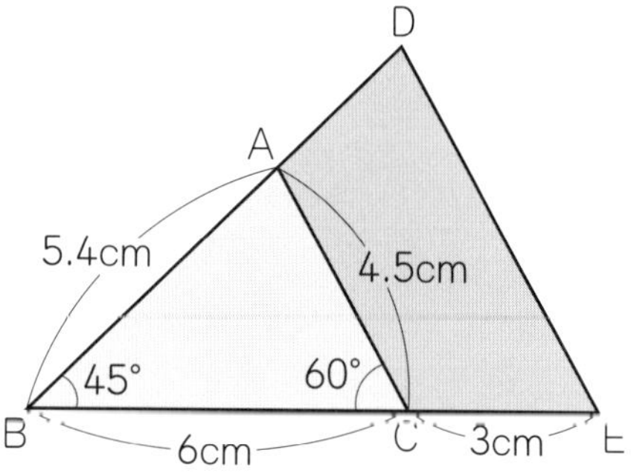

辺BD（　　　）　辺DE（　　　）

角E（　　　）　角D（　　　）

4 方眼紙を利用して、点Oが対称（たいしょう）の中心になるように点対称な図形をかきましょう。 教219ページ8　20点

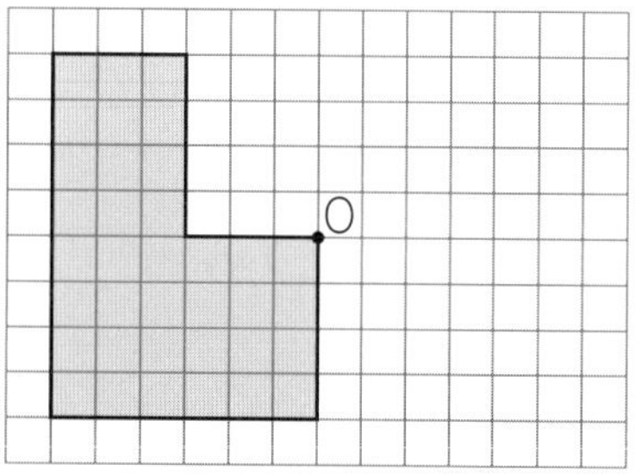

時間 15分 ｜ 合格 80点 ｜ /100

6年のまとめ [数学へのパスポート]
3つ目の国　図形と量 (立体)

1 次のような立体があります。　📖教220ページ⚠　　　　15点(1つ5)

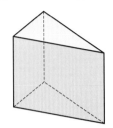

① この立体の名前をかきましょう。

（　　　　　　　　）

② この立体の側面はどんな形ですか。

（　　　　　　　　）

③ この立体の底面に垂直な辺は何本ありますか。

（　　　　　　　　）

2 右の展開図を組み立てて、直方体をつくります。

📖教220ページ②　25点(①10、②は全部できて15)

① おの面と平行になる面は、どの面ですか。

（　　　　　　　）の面

② ⓘの面と垂直になる面は、どの面ですか。

（　　　　　　　）の面

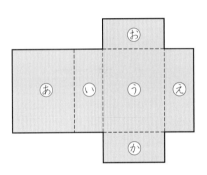

3 次の角柱や円柱の体積を求めましょう。　📖教220ページ③　　60点(式15・答え5)

①

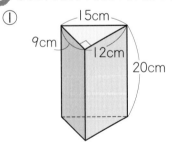

15cm
9cm
12cm
20cm

式

②

8cm
10cm

式

答え（　　　　　　　　）

答え（　　　　　　　　）

③

6cm
5cm
12cm
8cm

式

答え（　　　　　　　　）

教科書📖 220ページ

きほんの
ドリル
72。

6年のまとめ [数学へのパスポート]
3つ目の国　図形と量（単位）

| 時間 15分 | 合格 80点 | /100 |

月　日

サクッと
こたえ
あわせ

答え 95ページ

[単位の前にk（キロ）がつくと1000倍を表し、h（ヘクト）がつくと100倍を表します。]

❶ 次の▢にあてはまる数をかきましょう。　📖教220ページ▲　　40点(1つ5)

① 1kg＝▢g

② 1km＝▢m

③ 1t＝▢kg

④ 1ha＝▢a

⑤ 1L＝▢dL

⑥ 1m＝▢cm

⑦ 1a＝▢m²

⑧ 1m³＝▢cm³

❷ 次の表は、単位の前につくことばの意味を表しています。あ〜えにあてはまる数を
かきましょう。　📖教220ページ▲　　40点(1つ10)

	ミリ m	センチ c	デシ d	...	デカ da	ヘクト h	キロ k
	あ（　）倍	$\frac{1}{100}$倍	い（　）倍	...	う（　）倍	え（　）倍	1000倍

❸ （　）にあてはまる単位を、下の▢の中から選びましょう。　📖教220ページ▲
20点(1つ5)

① 水とうにはいる水の量は、0.5（　　　）です。

② 人間の歩く速さは、分速80（　　　）です。

③ 体育館の広さは、900（　　　）です。

④ たまご1個の重さは、60（　　　）です。

mm、cm、m、km、mg、g、kg、t、cm³、dL、L、cm²、m²、a、ha

教科書 📖 220ページ

時間 15分 ┃ 合格 80点 ┃ /100

月　　日

サクッと
こたえ
あわせ

答え 95ページ

6年のまとめ［数学へのパスポート］
4つ目の国　変化と関係（割合と比）

1 次の□にあてはまる数をかきましょう。　📖教222ページ⚠　20点(1つ5)

① 50人の30%は□人です。　　② 600mは4kmの□%です。

③ □Lの5%は3Lです。　　④ 30kgは□kgの75%です。

2 次の比を簡単にしましょう。　📖教222ページ②　20点(1つ5)

① 24：20　　（　　　　）② 18：45　　（　　　　）

③ 4.5：1.8　（　　　　）④ $\frac{3}{4}$：$\frac{5}{8}$　（　　　　）

3 けんたさんの身長は152cm、弟の身長は136cmです。けんたさんと弟の身長の比をかき、その比の値を求めましょう。　📖教222ページ③　20点(1つ10)

比（　　　　　　　）　比の値（　　　　）

4 まことさんは、あめを14個持っています。これは、お父さんが持っているあめの$\frac{2}{5}$にあたります。お父さんが持っているあめの個数は何個ですか。　📖教222ページ④
20点(式15・答え5)

式

答え（　　　　　　）

5 縦と横の長さの比が3：4になるような長方形をつくります。　📖教222ページ⑤
20点(1つ10)

① 縦の長さを18cmにすると、横の長さは何cmですか。

（　　　　　）

② 横の長さを20cmにすると、縦の長さは何cmですか。

（　　　　　）

教科書📖 222ページ

74。 6年のまとめ [数学へのパスポート]
4つ目の国　変化と関係 (単位量と速さ)

 答え 95ページ

① 右の表は、みきさんとゆかさんの家の畑の面積ととれた
じゃがいもの重さを表しています。　📖教223ページ🅐

どちらの畑のほうがよくとれたといえますか。

30点(式20・答え10)

**畑の面積と
とれたじゃがいもの重さ**

	面積(m²)	重さ(kg)
みき	50	140
ゆか	80	200

式

答え （　　　　　　　　　　）

② 鉄と銅のかたまりがあります。

その体積と重さをはかったら、右の表のとおりでした。
鉄と銅は、どちらが重いといえますか。　📖教223ページ🅑

30点(式20・答え10)

鉄と銅の体積と重さ

	体積(cm³)	重さ(g)
鉄	80	632
銅	70	623

式

答え （　　　　　　　　　　）

③ 次の速さ、道のり、時間を求めましょう。　📖教223ページ🅒、🅓

40点(1つ10)

① 自転車が、25分間に7.5km走ったときの分速

（　　　　　　　　）

② 自動車が、2時間30分に135km走ったときの時速

（　　　　　　　　）

③ 自動車が、時速45kmで40分間に進む道のり

（　　　　　　　　）

④ 自動車が、時速50kmで75kmの道のりを走るときにかかる時間

（　　　　　　　　）

教科書 📖 223ページ

時間 15分 ┃ 合格 80点 ┃ /100

月　日

サクッと
こたえ
あわせ

答え 95ページ

6年のまとめ [数学へのパスポート]

4つ目の国　変化と関係（ともなって変わる数量）

1 次の x の値に対応する y の値を表にかき、x と y の関係を式に表しましょう。また、比例するものには○、反比例するものには△を□にかきましょう。　📖教224ページ⚠

50点（表全部できて10、式10、□1つ5）

① 1個80円のみかん x 個と、その代金 y 円

x（個）	1	2	3	4	5
y（円）					

式（　　　　　　　　　　）□

② 自動車で30kmの道のりを走るときの時速 x km と、かかる時間 y 時間

x（km）	1	2	3	4	5
y（時間）					

式（　　　　　　　　　　）□

2 右のグラフは、針金の長さ x m と重さ y g の関係を表したものです。　📖教224ページ⚠

50点（①・②10、③・④式10・答え5）

① x と y には、どんな関係がありますか。

（　　　　　　　　　　）

② x と y の関係を式に表しましょう。

（　　　　　　　　　　）

③ 針金の重さが100gのとき、針金の長さは何mですか。

式

答え（　　　　　　　）

④ 針金の長さが18mのとき、針金の重さは何gですか。

式

答え（　　　　　　　）

教科書 📖 224ページ

きほんの
ドリル
76。

 時間 **15**分 ｜ 合格 **80**点 ／100 ｜ 月 日

6年のまとめ［数学へのパスポート］
5つ目の国　データの活用（グラフ）

サクッと
こたえ
あわせ

答え **95**ページ

1 次の図は、20人のクラスで、1か月に忘れ物をした回数を調べて、ドットプロットに表したものです。 教226ページ・グラフ⚠　70点（①〜③10、④・⑤全部できて1つ20）

① 平均値を求めましょう。

（　　　　　）

②　中央値を求めましょう。

（　　　　　）

③　最頻値を求めましょう。

（　　　　　）

④　ちらばりのようすを、表に表しましょう。

⑤　ちらばりのようすを、ヒストグラムに表しましょう。

忘れ物をした回数

回数（回）	人数（人）
以上　未満 0 〜 5	
5 〜 10	
10 〜 15	
15 〜 20	
合　計	20

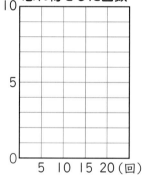

2 次のことがらをグラフに表すには、下のA〜Cのどのグラフがよいですか。

 教227ページ⚠　30点（1つ10）

①　ある国の土地の利用のようす　　　　　　（　　　　　）

②　ある国の月ごとの最高気温の移り変わり　（　　　　　）

③　ある国の種類別のくだもののしゅうかく量（　　　　　）

A
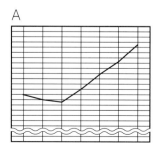

B
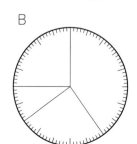

C
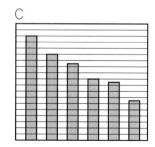

教科書 **226〜227ページ**

時間 15分 | 合格 80点 | /100

月　　日

サクッと
こたえ
あわせ

答え 96ページ

6年のまとめ [数学へのパスポート]
6つ目の国　問題の見方・考え方

❶ りんごを 8 個買いました。40 円まけてもらって、1120 円はらいました。
りんごは、1 個何円の値段がついていましたか。　📖教228ページ⚠　　　20点

(　　　　　)

❷ たかしさんの家のしき地は 800a あります。しき地の $\frac{4}{5}$ が畑で、畑の $\frac{1}{4}$ できゅう
りをつくっています。きゅうりをつくっている面積は何 a ですか。　📖教228ページ❷

20点

(　　　　　)

❸ ひろみさんは歩いて駅へ向かいました。8 分後に、けんじさんはひろみさんの忘れ
物に気づき、自転車で駅へ向かいました。
　ひろみさんは分速 80m、けんじさんは分速 240m です。けんじさんは、何分後
にひろみさんに追いつきますか。　📖教228ページ❸　　　　　　　　　20点

(　　　　　)

❹ 180 個のおはじきを、姉と妹で分けます。　📖教229ページ⚠　　　20点((　)1つ5)
① 　姉の数を妹の 1.5 倍にしたとき、それぞれの数は何個ですか。

姉 (　　　　　)
妹 (　　　　　)

② 　姉の数を妹の数より 20 個多くしたとき、それぞれの数は何個ですか。

姉 (　　　　　)
妹 (　　　　　)

❺ みかんとりんごを 3 個ずつ買うと 900 円になります。みかん 5 個とりんご 3 個
では、1040 円になるそうです。みかん 1 個、りんご 1 個の値段は、それぞれ何円
ですか。　📖教229ページ❻　　　　　　　　　　　　　　　20点(1つ10)

みかん (　　　　　)
りんご (　　　　　)

教科書 📖 228〜229ページ

文字と式／分数×分数／分数÷分数

1 次のそれぞれの式は、下の㋐〜㋓のどれを表していますか。　20点(1つ5)

① $x×5-100$　（　　）　② $(100-x)×5$　（　　）

③ $x×5+100$　（　　）　④ $100-x×5$　（　　）

㋐　1個 x 円のりんごを5個買って、100円の箱につめてもらったときの代金

㋑　1冊100円のノートを x 円安くしてもらって、5冊買ったときの代金

㋒　1mのテープから、$x$cm ずつ5本切りとったときの残りの長さ

㋓　1個 x 円の品物を5個買って、100円まけてもらったときの代金

2 次の計算をしましょう。　60点(1つ5)

① $\dfrac{2}{3}×\dfrac{5}{6}$

② $6×\dfrac{2}{9}$

③ $\dfrac{3}{10}×\dfrac{5}{6}$

④ $1\dfrac{2}{3}×\dfrac{1}{2}$

⑤ $1\dfrac{3}{8}×2\dfrac{2}{3}$

⑥ $\dfrac{3}{4}×1\dfrac{1}{6}×1\dfrac{3}{5}$

⑦ $\dfrac{1}{6}÷\dfrac{2}{3}$

⑧ $\dfrac{3}{4}÷\dfrac{5}{8}$

⑨ $2\dfrac{2}{3}÷3\dfrac{1}{5}$

⑩ $\dfrac{6}{7}÷3$

⑪ $\dfrac{8}{9}×\dfrac{3}{10}÷\dfrac{2}{3}$

⑫ $\dfrac{4}{5}÷\dfrac{4}{7}÷1\dfrac{2}{5}$

3 次の □ にあてはまる数をかきましょう。　20点(1つ10)

① 80kg の $\dfrac{3}{4}$ は □ kg です。　② 40L は、□ L の $\dfrac{4}{5}$ です。

サクッと
こたえ
あわせ

答え 96 ページ

データの整理と活用／円の面積／立体の体積／比とその利用

1 右のグラフは、1995年の日本の男女別、年れい別人口の割合を表したものです。　30点(( )1つ10)

① 0才から9才の人口は、総人口の何％ですか。

（　　　　　　　）

② 人口がいちばん多いのは、どの区間ですか。また、その区間の人口は、およそ何万人ですか。

区間　（　　　　　　　）

人口　約（　　　　　　　）

男女別，年れい別人口の割合

（1995年 総人口12557万）
男 総数6157万人 女 総数6400万人

年れい	男		女
70以上	3.6		5.9
60〜69	5.3		5.8
50〜59	6.6		6.8
40〜49	7.9		7.8
30〜39	6.4		6.3
20〜29	7.6		7.3
10〜19	6.5		6.2
0〜9	5.1		4.9

(才)　10　　　0　　　10
　　　　　　　　(%) (総務庁 統計局)

2 次の図形の面積を求めましょう。　30点(1つ10)

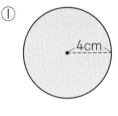

①　4cm

②　12cm

③　6cm

（　　　　　　　）（　　　　　　　）（　　　　　　　）

3 次の図のような立体の体積を求めましょう。　20点(1つ10)

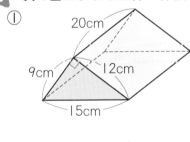

①　20cm　9cm　12cm　15cm

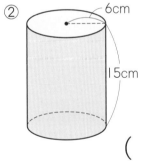

②　6cm　15cm

（　　　　　　　）　　　　　（　　　　　　　）

4 ある町の民家と工場の面積の比は 3：2 で、工場の面積は 10km² です。民家の面積は何 km² ですか。　20点(式15・答え5)

式

答え　（　　　　　　　）

79

時間 **15**分 | 合格 **80**点 | /**100**

月　　日

答え **96** ページ

サクッと
こたえ
あわせ

図形の拡大と縮小／場合を順序よく整理して

1 川はばABをはかろうと思っています。

Bの地点から15mはなれている地点Cで、三角形ABCの角Cをはかったら、60°でした。

$\frac{1}{500}$ の縮図をかき、それを用いて、川はばABが約何mか求めましょう。　　全部できて20点

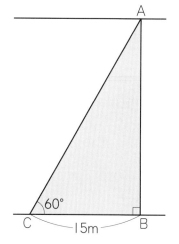

約（　　　　　　　）

2 A、B、C、Dの4つのサッカーチームが、それぞれ、どのチームとも1回ずつあたるように試合をします。試合の数は、全部で何試合ですか。　　20点

（　　　　　　）

3 プレイランドに行って乗り物に乗ります。

メリーゴーランド、ジェットコースター、ゴーカートの3つの乗り物に1回ずつ乗ります。乗る順番は、全部で何とおりありますか。　　20点

（　　　　　　）

4 右のような4枚のカードがあります。　　40点(1つ20)

① このカードのうち、2枚を選んで、2けたの整数をつくります。全部で何個できますか。

（　　　　　　）

② 3枚のカードを選んでできる3けたの整数は、全部で何個できますか。

（　　　　　　）

●ドリルやテストが終わったら、うしろの「がんばり表」に色をぬりましょう。
●まちがえたら、かならずやり直しましょう。「考え方」もよみ直しましょう。

---

1. ① 対称な図形 1ページ

❶ ①右図
　②点G
　③直線AG

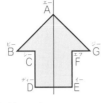

❷ あ、い

❸ ① 垂直（すいちょく）　　② 等しく

❹
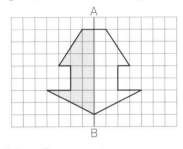

考え方 ❶ ①線対称な図形は、1本の直線（対称の軸（じく））を折り目にして折ったとき、折り目の両側がぴったり重なります。
❸ 対応する2つの点を結ぶ直線は、対称の軸と垂直に交わり、その交わる点から、対応する2つの点までの長さは等しくなっています。

---

2. ① 対称な図形 2ページ

❶ ① 点ヒ　　② 点ト　　③ 直線EF

❷ い、え

❸ ① 中心　　　　② 等しく

❹

考え方 ❸ 点対称な図形では、対応する2つの点を結ぶ直線は、対称の中心を通ります。また、対称の中心から、対応する2つの点までの長さは等しくなっています。

---

3. ① 対称な図形 3ページ

❶ ①、②

	線対称	点対称	軸の数
長方形	○	○	2
ひし形	○	○	2
平行四辺形	×	○	×

❷ ①、②

	線対称	点対称	軸の数
正三角形	○	×	3
正四角形	○	○	4
正五角形	○	×	5
正六角形	○	○	6

③⑦線対称　　　①頂点（ちょうてん）

考え方 ❷ 正多角形はどれも線対称な図形で、頂点の数と対称の軸の数が同じになっています。

---

4. ② 文字と式 4ページ

❶ ① $x \times 4 = y$（エックス・ワイ）　②320
　③400　　④120　　⑤70

❷ ①120$\times x = y$　　②480
　③720　　④5　　⑤8個

考え方 ❷ ⑤yの値が960となるときの、xの値（たい）を求めます。

---

5. ② 文字と式 5ページ

❶ ① $x \times 6 + 100 = y$
　②

x(円)	60	70	80
y(円)	460	520	580

❷ ① $x \times 12 \div 2 = y$
　②

x(cm)	10	10.5	11	11.5
y(cm²)	60	63	66	69

③10.5cm

考え方 ❶ ② ①で求めた式の x に、60、70、80 をあてはめて、y の値を求めます。
❷ ③ ②の表で、y の値が 63 のときの x の値が底辺の長さになります。

6。 ② 文字と式 〔6ページ〕

❶ ① みかん 5 個とりんご 1 個の代金
　② みかん 5 個とりんご 5 個の代金
　　（「みかん 1 個とりんご 1 個」を 1 組と
　　したときの 5 組の代金）
　③ みかん 4 個と箱の代金

❷ ① ○　　② ×　　③ ×　　④ ○

❸ ① ④　　② ⑦　　③ ⑦

考え方 ❶ ①～③の式で、150 はりんご
1 個の値段、100 は箱代を表しています。
❷ ②と③は、$x \times 7 + 50$ になります。

7。 ③ 分数×整数、分数÷整数 〔7ページ〕

❶ ① $\dfrac{3}{5} \times 2 = \dfrac{3 \times 2}{5} = \dfrac{6}{5}$

　② $\dfrac{2}{7} \times 14 = \dfrac{2 \times \overset{2}{\cancel{14}}}{\cancel{7}_{1}} = 4$

❷ ① $\dfrac{2}{5}$　　② $\dfrac{3}{2}\left(1\dfrac{1}{2}\right)$　③ $\dfrac{6}{5}\left(1\dfrac{1}{5}\right)$

　④ $\dfrac{3}{2}\left(1\dfrac{1}{2}\right)$　⑤ $\dfrac{25}{9}\left(2\dfrac{7}{9}\right)$　⑥ $\dfrac{12}{5}\left(2\dfrac{2}{5}\right)$

　⑦ $\dfrac{56}{11}\left(5\dfrac{1}{11}\right)$　　⑧ $\dfrac{21}{4}\left(5\dfrac{1}{4}\right)$

　⑨ $\dfrac{45}{13}\left(3\dfrac{6}{13}\right)$　　⑩ $\dfrac{5}{2}\left(2\dfrac{1}{2}\right)$

　⑪ $\dfrac{33}{5}\left(6\dfrac{3}{5}\right)$　　⑫ $\dfrac{7}{2}\left(3\dfrac{1}{2}\right)$

❸ 式 $\dfrac{3}{5} \times 5 = \dfrac{3 \times \cancel{5}}{\cancel{5}_{1}} = 3$　　答え 3m²

考え方 分子に整数をかけて計算します。

8。 ③ 分数×整数、分数÷整数 〔8ページ〕

❶ ① $\dfrac{5}{6} \div 3 = \dfrac{5}{6 \times 3} = \dfrac{5}{18}$

　② $\dfrac{4}{5} \div 2 = \dfrac{\overset{2}{\cancel{4}}}{5 \times \cancel{2}_{1}} = \dfrac{2}{5}$

❷ ① $\dfrac{1}{4}$　② $\dfrac{1}{10}$　③ $\dfrac{1}{6}$　④ $\dfrac{3}{20}$

　⑤ $\dfrac{2}{9}$　⑥ $\dfrac{1}{6}$　⑦ $\dfrac{3}{56}$　⑧ $\dfrac{2}{9}$

　⑨ $\dfrac{3}{10}$　⑩ $\dfrac{2}{11}$　⑪ $\dfrac{7}{60}$　⑫ $\dfrac{2}{39}$

❸ 式 $\dfrac{3}{5} \div 3 = \dfrac{\cancel{3}}{5 \times \cancel{3}_{1}} = \dfrac{1}{5}$　　答え $\dfrac{1}{5}$ L

考え方 計算のとちゅうで約分しましょう。

9。 ④ 分数×分数 〔9ページ〕

❶ 式 $\dfrac{2}{3} \times \dfrac{4}{5} = \dfrac{2 \times 4}{3 \times 5} = \dfrac{8}{15}$

　　　　　　答え $\dfrac{8}{15}$ m²

❷ ① $\dfrac{10}{21}$　② $\dfrac{8}{45}$　③ $\dfrac{15}{32}$　④ $\dfrac{6}{35}$

　⑤ $\dfrac{2}{9}$　⑥ $\dfrac{6}{49}$　⑦ $\dfrac{7}{45}$　⑧ $\dfrac{5}{36}$

　⑨ $\dfrac{35}{36}$　⑩ $\dfrac{20}{21}$　⑪ $\dfrac{16}{15}\left(1\dfrac{1}{15}\right)$

　⑫ $\dfrac{21}{16}\left(1\dfrac{5}{16}\right)$　⑬ $\dfrac{32}{15}\left(2\dfrac{2}{15}\right)$

　⑭ $\dfrac{25}{14}\left(1\dfrac{11}{14}\right)$　⑮ $\dfrac{32}{15}\left(2\dfrac{2}{15}\right)$

　⑯ $\dfrac{35}{12}\left(2\dfrac{11}{12}\right)$

10。 ④ 分数×分数 〔10ページ〕

❶ ① $2 \times \dfrac{3}{5} = \dfrac{2 \times 3}{1 \times 5} = \dfrac{6}{5}$

　② $8 \times \dfrac{5}{6} = \dfrac{\overset{4}{\cancel{8}} \times 5}{\cancel{6}_{3}} = \dfrac{20}{3}$

　③ $1\dfrac{1}{2} \times 1\dfrac{1}{4} = \dfrac{3}{2} \times \dfrac{5}{4} = \dfrac{3 \times 5}{2 \times 4} = \dfrac{15}{8}$

❷ ① $\dfrac{3}{5}$　　② $\dfrac{6}{7}$　　③ $\dfrac{21}{8}\left(2\dfrac{5}{8}\right)$

　④ $\dfrac{4}{3}\left(1\dfrac{1}{3}\right)$　　⑤ $\dfrac{12}{5}\left(2\dfrac{2}{5}\right)$

　⑥ $\dfrac{21}{20}\left(1\dfrac{1}{20}\right)$　⑦ $\dfrac{55}{24}\left(2\dfrac{7}{24}\right)$

　⑧ $\dfrac{49}{12}\left(4\dfrac{1}{12}\right)$　⑨ $\dfrac{99}{10}\left(9\dfrac{9}{10}\right)$

　⑩ $\dfrac{8}{7}\left(1\dfrac{1}{7}\right)$　　⑪ 3

11. ④ 分数×分数

① ① $0.3 \times \dfrac{1}{4} = \dfrac{\boxed{3} \times \boxed{1}}{\boxed{10} \times \boxed{4}} = \dfrac{\boxed{3}}{\boxed{40}}$

② $1.2 = \dfrac{\boxed{12}^{\,6}}{\boxed{10}_{\,5}}$, $\dfrac{5}{7} \times 1.2 = \dfrac{\boxed{5} \times \boxed{6}}{\boxed{7} \times \boxed{5}_{\,1}} = \dfrac{\boxed{6}}{\boxed{7}}$

③ $1.1 \times \dfrac{4}{15} \times 3 = \dfrac{\boxed{11} \times \boxed{4}^{\,2} \times \boxed{3}^{\,1}}{\boxed{10}_{\,5} \times \boxed{15}_{\,5} \times \boxed{1}} = \dfrac{\boxed{22}}{\boxed{25}}$

② ① $\dfrac{13}{15}$　② $\dfrac{11}{8}\left(1\dfrac{3}{8}\right)$　③ $\dfrac{2}{3}$
④ $\dfrac{3}{8}$　⑤ $\dfrac{11}{28}$　⑥ $\dfrac{3}{5}$　⑦ $\dfrac{4}{21}$

12. ④ 分数×分数

① ①う　②あ　③い
④う　⑤あ

② ① <　② >　③ >
④ >　⑤ =　⑥ <

③ ①え→あ→い→う
②う→え→あ→い

> **考え方** **①** かける数が1より大きいか、小さいか、等しいかで判断します。
> **②** 不等号の向きに注意しましょう。不等号は、大きいほうに向かって開いています。
> **③** かけられる数はそれぞれ等しいので、かける数が大きい順に並べます。

13. ④ 分数×分数

① ① 式 $\dfrac{2}{5} \times \dfrac{3}{4} = \dfrac{3}{10}$　答え $\dfrac{3}{10}$ m²

② 式 $\dfrac{2}{3} \times \dfrac{2}{3} = \dfrac{4}{9}$　答え $\dfrac{4}{9}$ cm²

③ 式 $\dfrac{5}{8} \times \dfrac{2}{5} = \dfrac{1}{4}$　答え $\dfrac{1}{4}$ cm²

④ 式 $\dfrac{2}{3} \times \dfrac{2}{3} \times \dfrac{2}{3} = \dfrac{8}{27}$
答え $\dfrac{8}{27}$ cm³

⑤ 式 $\dfrac{3}{4} \times \dfrac{1}{2} \times \dfrac{2}{3} = \dfrac{1}{4}$　答え $\dfrac{1}{4}$ m³

> **考え方** **①** 次の式を使って求めます。
> ③(平行四辺形の面積)＝(底辺)×(高さ)
> ④(立方体の体積)＝(1辺)×(1辺)×(1辺)
> ⑤(直方体の体積)＝(縦)×(横)×(高さ)

14. ④ 分数×分数

① ①15分　②48分　③50分
④ $\dfrac{1}{6}$ 時間　⑤ $\dfrac{1}{3}$ 時間　⑥ $\dfrac{5}{6}$ 時間
⑦84分　⑧ $\dfrac{3}{2}$ 時間 $\left(1\dfrac{1}{2}$ 時間$\right)$

② 式 $8 \times \dfrac{1}{4} = 2$　　　答え 2km

③ 式 $28 \times \dfrac{3}{4} = 21$　　　答え 21m²

> **考え方** **①** 時間を分で表すときには60をかけ、分を時間で表すときには60でわります。
> ① $\dfrac{1}{4}$ 時間 → $60 \times \dfrac{1}{4} = 15$(分)
> ④10分 → $10 \div 60 = \dfrac{1}{6}$(時間)
> **②** 15分 → $15 \div 60 = \dfrac{1}{4}$(時間)
> **③** 45分 → $45 \div 60 = \dfrac{3}{4}$(時間)

15. ④ 分数×分数

① $\left(\dfrac{3}{4} \text{と} \dfrac{4}{3}\right)\left(\dfrac{2}{3} \text{と} \dfrac{3}{2}\right)$

② ① $\dfrac{7}{3}\left(2\dfrac{1}{3}\right)$　② $\dfrac{5}{4}\left(1\dfrac{1}{4}\right)$　③ $\dfrac{4}{7}$
④ $\dfrac{3}{8}$　⑤ $\dfrac{6}{5}\left(1\dfrac{1}{5}\right)$　⑥ $\dfrac{4}{9}$
⑦ $\dfrac{3}{5}$　⑧7

③ ① $\dfrac{1}{4}$　② $\dfrac{1}{7}$　③ $\dfrac{10}{9}\left(1\dfrac{1}{9}\right)$
④ $\dfrac{100}{3}\left(33\dfrac{1}{3}\right)$　⑤ $\dfrac{100}{23}\left(4\dfrac{8}{23}\right)$
⑥ $\dfrac{10}{13}$　⑦ $\dfrac{1}{12}$　⑧ $\dfrac{2}{5}$

> **考え方** **①** 分母と分子が入れかわっているものをみつけます。
> **②** ⑦帯分数は仮分数になおして考えます。
> **③** 整数や小数は分数になおしましょう。

❶ ① $\dfrac{5}{7}$、$\dfrac{14}{7}$ (2)　② $\dfrac{3}{5}$、1

③ $\dfrac{1}{9}$、$\dfrac{5}{8}$、$\dfrac{5}{8}$　④ $\dfrac{13}{6}$、$\dfrac{7}{8}$、$\dfrac{7}{8}$

❷ ① $\dfrac{3}{7}\times\dfrac{4}{5}\times\dfrac{5}{4}=\dfrac{3}{7}\times\left(\dfrac{4}{5}\times\dfrac{5}{4}\right)=\dfrac{3}{7}\times1$

　　　$=\dfrac{3}{7}$

② $\left(\dfrac{4}{9}+\dfrac{1}{2}\right)\times18=\dfrac{4}{9}\times18+\dfrac{1}{2}\times18$

　　　$=8+9=17$

③ $\dfrac{4}{5}\times\dfrac{3}{8}-\dfrac{7}{15}\times\dfrac{3}{8}=\left(\dfrac{4}{5}-\dfrac{7}{15}\right)\times\dfrac{3}{8}$

　　　$=\dfrac{1}{3}\times\dfrac{3}{8}=\dfrac{1}{8}$

❸ 式　$1\dfrac{5}{8}\times2\dfrac{1}{4}+\dfrac{7}{8}\times2\dfrac{1}{4}$

　　　$=\left(1\dfrac{5}{8}+\dfrac{7}{8}\right)\times2\dfrac{1}{4}$

　　　$=\dfrac{5}{2}\times\dfrac{9}{4}=\dfrac{45}{8}\left(5\dfrac{5}{8}\right)$

　　　　　答え　$\dfrac{45}{8}$ cm² $\left(5\dfrac{5}{8}\text{ cm}^2\right)$

考え方 ❶ ①たす順序をかえても、和は変わりません。②かける順序をかえても、積は変わりません。

❶ ① $\dfrac{3}{20}$　② $\dfrac{9}{32}$　③ $\dfrac{1}{21}$

④ $\dfrac{3}{2}\left(1\dfrac{1}{2}\right)$　⑤ $\dfrac{4}{5}$　⑥ 14

⑦ 15　⑧ $\dfrac{1}{3}$

❷ ① 40分　② 55分　③ $\dfrac{5}{12}$ 時間

❸ 式　$9\times\dfrac{1}{3}=3$　　　答え　3km

❹ ① $\dfrac{7}{5}\left(1\dfrac{2}{5}\right)$　② $\dfrac{3}{5}$　③ $\dfrac{1}{4}$

④ $\dfrac{10}{3}\left(3\dfrac{1}{3}\right)$　⑤ $\dfrac{2}{3}$

おうちのかたへ ❹ 分数の逆数は、分母と分子を入れかえた分数になります。帯分数は仮分数にしてから分母と分子を入れかえます。整数や小数は分数に直して考えましょう。

❶ ① $\dfrac{2}{5}\div\dfrac{1}{3}=\dfrac{2}{5}\times\dfrac{3}{1}=\dfrac{2\times3}{5\times1}=\dfrac{6}{5}$

② $\dfrac{5}{7}\div\dfrac{4}{3}=\dfrac{5\times3}{7\times4}=\dfrac{15}{28}$

❷ ① $\dfrac{5}{12}$　② $\dfrac{12}{35}$　③ $\dfrac{28}{45}$　④ $\dfrac{21}{40}$

⑤ $\dfrac{48}{35}\left(1\dfrac{13}{35}\right)$　⑥ $\dfrac{80}{63}\left(1\dfrac{17}{63}\right)$

⑦ $\dfrac{5}{6}$　⑧ $\dfrac{15}{16}$　⑨ $\dfrac{25}{12}\left(2\dfrac{1}{12}\right)$

⑩ $\dfrac{6}{5}\left(1\dfrac{1}{5}\right)$　⑪ $\dfrac{5}{7}$　⑫ $\dfrac{27}{22}\left(1\dfrac{5}{22}\right)$

⑬ $\dfrac{25}{12}\left(2\dfrac{1}{12}\right)$　⑭ $\dfrac{4}{3}\left(1\dfrac{1}{3}\right)$

⑮ $\dfrac{8}{15}$　⑯ $\dfrac{1}{2}$

考え方 わる数が分数のときは、わる数の分母と分子を入れかえた逆数をかけます。

❷ ① $\dfrac{1}{4}\div\dfrac{3}{5}=\dfrac{1}{4}\times\dfrac{5}{3}=\dfrac{5}{12}$

❶ ① $2\dfrac{1}{3}\div\dfrac{4}{5}=\dfrac{7}{3}\times\dfrac{5}{4}=\dfrac{35}{12}$

② $3\div\dfrac{2}{5}=\dfrac{3}{1}\div\dfrac{2}{5}=\dfrac{3}{1}\times\dfrac{5}{2}=\dfrac{15}{2}$

❷ ① $\dfrac{16}{9}\left(1\dfrac{7}{9}\right)$　② $\dfrac{25}{42}$　③ $\dfrac{20}{7}\left(2\dfrac{6}{7}\right)$

④ 6　⑤ $\dfrac{5}{9}$　⑥ $\dfrac{7}{30}$　⑦ $\dfrac{22}{27}$

⑧ $\dfrac{3}{2}\left(1\dfrac{1}{2}\right)$　⑨ $\dfrac{15}{2}\left(7\dfrac{1}{2}\right)$

⑩ 18　⑪ $\dfrac{3}{20}$　⑫ $\dfrac{1}{7}$

❸ 式　$3\dfrac{1}{5}\div\dfrac{4}{5}=\dfrac{16}{5}\times\dfrac{5}{4}=4$

　　　　　答え　4L

考え方 帯分数は仮分数になおしてから計算します。

❷ ① $1\dfrac{1}{3}\div\dfrac{3}{4}=\dfrac{4}{3}\div\dfrac{3}{4}=\dfrac{4}{3}\times\dfrac{4}{3}$

　　　$=\dfrac{16}{9}$

20。 ⑤ 分数÷分数 20ページ

❶ ① $0.6=\dfrac{3}{5}$ だから、

$0.6\div\dfrac{6}{7}=\dfrac{3\times7}{5\times6}=\dfrac{7}{10}$

② $1.2\div\dfrac{8}{5}\div3=\dfrac{6}{5}\div\dfrac{8}{5}\div\dfrac{3}{1}$

$=\dfrac{6\times5\times1}{5\times8\times3}=\dfrac{1}{4}$

❷ ① $\dfrac{13}{4}\left(3\dfrac{1}{4}\right)$ ② $\dfrac{2}{3}$ ③ $\dfrac{3}{2}\left(1\dfrac{1}{2}\right)$

④ $\dfrac{7}{10}$ ⑤ 1 ⑥ $\dfrac{18}{25}$

⑦ $\dfrac{5}{6}$ ⑧ $\dfrac{7}{40}$

❸ ① $\dfrac{2}{27}$ ② $\dfrac{16}{15}\left(1\dfrac{1}{15}\right)$

③ 9 ④ $\dfrac{4}{3}\left(1\dfrac{1}{3}\right)$

考え方 整数や小数は分数になおして計算します。

❸ ③ $4.5\times\dfrac{6}{5}\div0.6=\dfrac{9}{2}\times\dfrac{6}{5}\div\dfrac{3}{5}$

$=\dfrac{9}{2}\times\dfrac{6}{5}\times\dfrac{5}{3}=9$

21。 ⑤ 分数÷分数 21ページ

❶ ①⑤ ②⑤ ③⑧
④⑥ ⑤⑧

❷ ①＞ ②＜ ③＞
④＜ ⑤＝ ⑥＜

❸ ①⑧→⑤→⑥→⑥
②⑥→⑤→⑧→⑥

考え方 **❶** わる数が1より大きいか、小さいか、等しいかで判断します。
❷ 不等号の向きに注意しましょう。不等号は、大きいほうに向かって開いています。
❸ わられる数はそれぞれ等しいので、わる数が小さい順になるように並べます。

22。 ⑤ 分数÷分数 22ページ

❶ 式 赤のひも $30\times\dfrac{4}{5}=24$

青のひも $30\times\dfrac{5}{3}=50$

$50-24=26$

答え 青のひもが26cm長い。

❷ 式 $\dfrac{3}{8}\div\dfrac{3}{4}=\dfrac{1}{2}$ 答え $\dfrac{1}{2}$倍

❸ 式 学校全体の人数 $\times\dfrac{2}{5}=80$人

式 $80\div\dfrac{2}{5}=200$人

❹ ①45 ②50 ③160 ④1050

考え方 **❹** ①$30\div\dfrac{2}{3}$、②$30\div\dfrac{3}{5}$、

③$60\div\dfrac{3}{8}$、④$600\div\dfrac{4}{7}$を計算します。

23。 ⑤ 分数÷分数 23ページ

❶ ① $\dfrac{8}{15}$ ② $\dfrac{21}{25}$ ③ $\dfrac{8}{15}$

④ $\dfrac{5}{14}$ ⑤ $\dfrac{1}{2}$ ⑥ $\dfrac{3}{2}\left(1\dfrac{1}{2}\right)$

⑦ $\dfrac{4}{15}$ ⑧ 3 ⑨ $\dfrac{9}{14}$

⑩ $\dfrac{9}{7}\left(1\dfrac{2}{7}\right)$ ⑪ $\dfrac{1}{12}$ ⑫ $\dfrac{4}{7}$

❷ ① 式 $60\div\dfrac{3}{4}=80$ 答え 80

② 式 $\dfrac{3}{4}\div\dfrac{5}{6}=\dfrac{9}{10}$ 答え $\dfrac{9}{10}$

❸ ① 式 $\dfrac{4}{5}\div\dfrac{1}{4}=\dfrac{16}{5}\left(3\dfrac{1}{5}\right)$

答え $\dfrac{16}{5}$ m² $\left(3\dfrac{1}{5}$ m²$\right)$

② 式 $2\div\dfrac{16}{5}=\dfrac{5}{8}$ 答え $\dfrac{5}{8}$ dL

おうちのかたへ **❶** 帯分数は仮分数に、整数や小数は分数にして、わり算をかけ算に直して計算します。計算の途中で約分できるときは約分しておくと、計算しやすいです。

❸ ② ①で「$\dfrac{16}{5}$ m²のかべを1dLでぬれる」ことがわかりましたので、これを使います。

❶ ①右の図 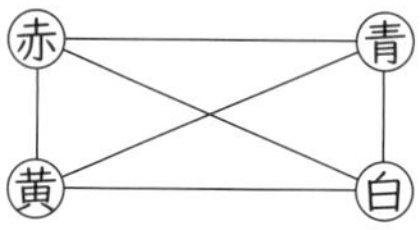
② 赤と青、赤と黄、
　赤と白、青と黄、
　青と白、黄と白
③6とおり

❷ ①3とおり　②3とおり　③9とおり

❸ ① A B C D、A B C E、A B D E、
　A C D E、B C D E
②5とおり

考え方 ❶ ②③（赤と青）と（青と赤）は同じ組み合わせになります。重なりや落ちがないように注意しましょう。
❷ A、Bの2人がじゃんけんをするときには、AとBは、それぞれ3とおりずつの出し方があります。
❸ 4種類のカードを選ぶと、残りのカードは1種類になります。選ばれないカードは5種類のうちのどれかになるので、組み合わせは全部で5とおりになります。

❶ ①（第1）（第2）（第3）（第4）

```
                C ——— D
          B <
                D ——— C
                Ⓑ ——— Ⓓ
  A ——— C <
                Ⓓ ——— Ⓑ
                Ⓑ ——— Ⓒ
          D <
                Ⓒ ——— Ⓑ
```

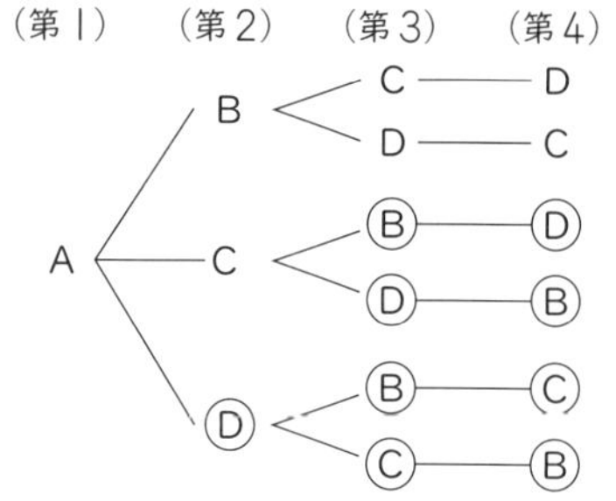

②6とおり　　　③24とおり

❷ 20とおり

❸ ①12、13、14、21、23、24、31、
　32、34、41、42、43
②12個

考え方 ❷ 赤と青の2色を使ったとき、旗の「上が赤で下が青」、「上が青で下が赤」はちがうものになります。

❶ ①27とおり　　　②650円
③ない

❷ ① A－B－C－D－A
　A－B－D－C－A
　A－C－B－D－A
　A－C－D－B－A
　A－D－B－C－A
　A－D－C－B－A
② A－B－D－C－A
　A－C－D－B－A

考え方 ❶ ①1種類のべんとうで、飲み物を3とおり、くだものも3とおり選べるので、9とおりあります。べんとうは3種類あるので、組み合わせは全部で27とおりになります。
②べんとう、飲み物、くだものから、それぞれいちばん安いものを選びます。
③べんとう、飲み物、くだものから、それぞれいちばん高いものを選ぶと、べんとう600円、お茶150円、みかん100円の合計850円となり、900円以上の組み合わせがないことがわかります。

❶ ①9人　　　②5人　　　③13人

❷ ①12人　　　②17900円

考え方 ❶ ①イヌをかっている12人から両方かっている3人をひいた数になります。
②ネコをかっている8人から両方かっている3人をひいた数になります。
③クラスの30人から、イヌやネコをかっている人の合計をひきます。イヌやネコをかっている人は、12＋8－3＝17（人）です。
❷ ① サッカー45人、野球28人で、合計が73人になります。参加者は全部で61人なので、多い分の73－61＝12（人）が両方に申しこんでいます。
②サッカーの試合のみ…45－12＝33（人）
　野球の試合のみ…28－12＝16（人）
　両方の試合…12（人）

28. ⑦ 円の面積 28ページ

❶ ①83　　②83cm²　③21
④10.5cm²　⑤93.5cm²
⑥ $\boxed{93.5}$ ×4＝$\boxed{374}$　　約 $\boxed{374}$ cm²
⑦ 式　11×11＝121
374÷121＝3.09…　答え　約3.1倍

考え方 ❶ ①、③それぞれの方眼の数を数えるときには、注意して数え、見落としがないようにします。

29. ⑦ 円の面積 29ページ

❶ ① 式　5×5×3.14＝78.5
　　　　　　　答え　78.5cm²
② 式　6×6×3.14＝113.04
　　　　　　　答え　113.04cm²
③ 式　4×4×3.14＝50.24
　　　　　　　答え　50.24cm²
④ 式　10×10×3.14＝314
　　　　　　　答え　314cm²

❷ ① 式　4×4×3.14÷4＝12.56
　　　　　　　答え　12.56cm²
② 式　10×10×3.14÷2＝157
　　　　　　　答え　157cm²

30. ⑧ 立体の体積 30ページ

❶ ① 式　3×4×6＝72　　答え　72cm³
②6cm²
③ 式　6×6＝36
　　　　　　　答え　36cm³

❷ ① 式　(6×4÷2)×5＝60
　　　　　　　答え　60cm³
② 式　(6×10÷2)×8＝240
　　　　　　　答え　240cm³
③ 式　(3+5)×4÷2＝16
16×6＝96　　答え　96cm³

考え方 ❷ ①底面が、底辺6cm、高さ4cmの三角形で、高さが5cmの三角柱です。

31. ⑧ 立体の体積 31ページ

❶ ①底面積
② 式　($\boxed{5}$×$\boxed{5}$×3.14)×$\boxed{12}$＝$\boxed{942}$
　　　　　　　答え　942cm³

❷ 式　(5×5×3.14)×15＝1177.5
　　　　　　　答え　1177.5cm³

❸ 式　(12×5+8×10)×10＝1400
　　　　　　　答え　1400cm³

考え方 ❷ 底面は半径5cmの円で、高さが15cmの円柱です。
❸ 底面積は、12×15－4×10＝140のようにして求めることもできます。

32. 対称な図形／文字と式 32ページ

⭐ ①ⓘ　　②ⓚ　　③ⓔ、ⓞ、ⓚ
⭐ ①0.9×x＝y　　②10.8
⭐ ①x×3+120＝y　　②270
③70　　④100

おうちのかたへ ⭐ 線対称な図形…ⓐ、ⓤ、ⓔ、ⓞ、ⓚ
点対称な図形…ⓔ、ⓞ、ⓚ、ⓚ

33. 分数×整数、分数÷整数／分数×分数／分数÷分数 33ページ

⭐ ① $\frac{2}{15}$　　② $\frac{9}{28}$　　③ $\frac{6}{7}$
④ $\frac{6}{5}\left(1\frac{1}{5}\right)$　⑤ $\frac{10}{21}$　⑥ $\frac{21}{20}\left(1\frac{1}{20}\right)$
⑦ $\frac{2}{5}$　　⑧ $\frac{2}{3}$　　⑨ $\frac{3}{7}$

⭐ ① $\frac{2}{15}$　　② $\frac{1}{3}$　　③ $\frac{2}{9}$
④ $\frac{12}{5}\left(2\frac{2}{5}\right)$⑤ $\frac{8}{27}$　⑥ $\frac{3}{10}$
⑦ $\frac{3}{4}$　　⑧ $\frac{1}{2}$　　⑨ $\frac{8}{3}\left(2\frac{2}{3}\right)$

⭐ 式　$\frac{2}{3}×\frac{5}{8}×\frac{3}{5}＝\frac{1}{4}$
　　　　　　　答え　$\frac{1}{4}$ m³

おうちのかたへ ⭐ 分数のわり算では、わる数の分母と分子を入れかえた分数をかけます。

❶ ① $\dfrac{1}{3}$　　② $\dfrac{1}{2}$　　③ $\dfrac{7}{6}\left(1\dfrac{1}{6}\right)$

❷ ①

	赤	青	黄	緑
	○	○	○	
	○	○		○
	○		○	○
		○	○	○

② 4とおり

❸ ① 式　6×6×3.14＝113.04

答え　113.04cm²

② 式　(6×6×3.14)÷2－3×3×3.14
＝28.26　　　答え　28.26cm²

❹ ① 式　(12×5÷2)×8＝240

答え　240cm³

② 式　(3×3×3.14)×8＝226.08

答え　226.08m³

おうちのかたへ　❸ ②半径6cmの半円の面積から、半径3cmの円の面積をひきます。

35。 ⑨ データの整理と活用　35ページ

❶ ①78.1点　　②77.9点

③いちばん高い点数93点、
いちばん低い点数63点

④いちばん高い点数98点、
いちばん低い点数63点

⑤下の図

36。 ⑨ データの整理と活用　36ページ

❶ ①下の図

②29m　　③22m

考え方 ❶ ②データの個数が偶数のときは、真ん中の2つの値の平均を中央値とします。データの値を大きさの順に並べたときの10番目と11番目の記録の平均は29mです。

37。 ⑨ データの整理と活用　37ページ

❶ ①右の表

②8人

③階級 280cm以上
300cm未満
人数6人

走りはばとび
の記録

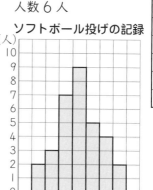

きょり(cm)	人数(人)
以上　未満 240～260	2
260～280	4
280～300	6
300～320	5
320～340	2
340～360	1
合　計	20

❷ ソフトボール投げの記録

38。 ⑨ データの整理と活用　38ページ

❶ ①1950年：0～9才
2010年：30～39才

②1950年：45.7%、2010年：18%

③70才以上　　　④約840万人

考え方 ❶ ①1950年は0～9才の区間が12.7%で、男性でいちばん多いです。

②1950年は10.5+10.3+12.7+12.2
＝45.7%です。

④40～49才の人口は総人口の10.1%だから、8320万人×0.101＝840.32万人と求められます。

39。 子ども会の準備　39ページ

❶

4個入りの箱	箱の数(箱)	1	2	3	4	5	6
	ケーキの数(個)	4	8	12	16	20	24
残りのケーキの数(個)		21	17	13	9	5	1
3個入りの箱の数(箱)		7	×	×	3	×	×

4個入り(1)箱と3個入り(7)箱
4個入り(4)箱と3個入り(3)箱

❷

縦(m)	1	2	3	4	5	6	7	8
横(m)	8	7	6	5	4	3	2	1
面積(m²)	8	14	18	20	20	18	14	8

縦(4)m、横(5)m
縦(5)m、横(4)m

40. ⑩ 比とその利用

❶ ①12：15　　　②400：750

❷ ①ぁ10：15　　　ぃ8：12

　②ぁ$\frac{2}{3}$　　　　　ぃ$\frac{2}{3}$

　③いえる。　④10：15＝8：12

❸ ①$\frac{2}{5}$(0.4)　②$\frac{4}{7}$　　③3

　④4　　　　　⑤$\frac{3}{5}$(0.6)　⑥$\frac{3}{7}$

考え方 ❸ 比の値は、整数や小数、または簡単な分数の形にして表します。

41. ⑩ 比とその利用

❶ ①2、2　　　　　②3、3

❷ ①3　　　②12　　　③1

　④28　　　⑤45　　　⑥7

❸ ①2：3　　②3：1　　③5：2

　④1：2　　⑤3：4　　⑥8：9

❹ 8：5

考え方 $a:b$ の両方の数に同じ数をかけたり、両方の数を同じ数でわったりしてできる比は、すべて $a:b$ に等しくなります。

❸ 小数や分数の比は、整数の比になおしてから考えます。

⑤両方に 6 をかけて、3：4 となります。

42. ⑩ 比とその利用

❶ 式　60÷3＝20、20×2＝40

　　　　　　　　　　答え　40km²

❷ ① 式　20÷4＝5、5×3＝15

　　　　　　　　　　答え　15cm

　② 式　12÷3＝4、4×4＝16

　　　　　　　　　　答え　16cm

❸ ①さやかさん…$\frac{4}{7}$倍　妹…$\frac{3}{7}$倍

　②さやかさん…48枚　妹…36枚

考え方 ❸
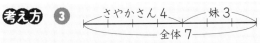

さやかさんの分は 84×$\frac{4}{7}$

妹の分は 84×$\frac{3}{7}$　で求められます。

43. ⑪ 図形の拡大と縮小

❶ ①形、大きさ（順不同）

　②縦　　　　　　　③大きさ、形

❷ ①点A…点D　　　点B…点E

　　直線AC…直線DF

　②比、大きさ

考え方 ❶ ぃは、横の長さだけが 2 倍になっています。うは、縦の長さだけが 2 倍になっています。えは、縦と横の長さが 2 倍になっています。

❷ 拡大した図形を拡大図といい、縮小した図形を縮図といいます。ぃはぁの拡大図、ぁはぃの縮図になっています。

44. ⑪ 図形の拡大と縮小

❶ ①

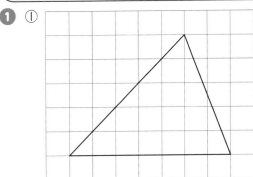

　②

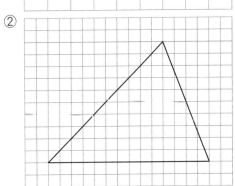

❷

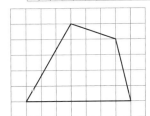

89

1 ①6cm ②55° ③4cm

2 ①辺FG…5cm 辺HG…2cm

辺EF…4cm 辺EH…3cm

②90° ③三角形FGH

④三角形ADD

考え方 **1** 形が同じ図形では、対応する辺の長さの比はすべて等しいので、辺の長さはそれぞれ2倍にします。また、対応する角の大きさはすべて等しくなります。

1 ①6.8cm ②8cm ③5.2cm

2 ①5.6cm ②2.5cm ③2.7cm

3

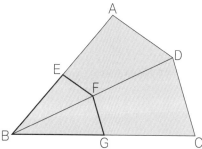

考え方 **1** 辺BDに対応する辺は辺BA、辺BEに対応する辺は辺BC、辺DEに対応する辺は辺ACです。三角形DBEは、三角形ABCの2倍の拡大図ですから、それぞれ対応する辺の長さは2倍になります。

3 頂点Bを中心にして、辺ABの真ん中の点E、線分BDの真ん中の点F、辺BCの真ん中の点Gをとり、E、F、Gを順につなぐと、四角形ABCDを$\frac{1}{2}$に縮小した四角形EBGFができます。

1 ①5000倍 ②230m ③16cm

2 50m、縮図は右段上の図

3 60m、縮図は省略

考え方 **2** 縮図をかくと、ADは4cm、DCは3cm、BCは4.5cm、ACは5cmになります。点Aから点Cまでの直線きょりは、5cmの1000倍になります。

2の縮図

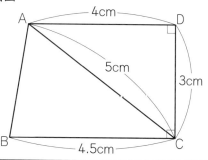

1 ①2倍、3倍、……になる。

②$\frac{1}{2}$倍、$\frac{1}{3}$倍、……になる。 ③3倍

2 ①○ ②× ③× ④○

3 ①$y=5×x$ ②$y=30×x$

③$y=1.5×x$

考え方 **2** 表を横に見て、一方の値が2倍、3倍、……になるとき、他方の値も2倍、3倍、……になっていれば、2つの量は比例するといえます。

また、表を縦に見て、一方の値÷他方の値＝きまった数になっていれば、2つの量は比例するといえます。

1 ①⑦1 ④3 ⑦5 ㋓7

②$y=2×x$

③、④ 右の図

⑤直線、縦軸

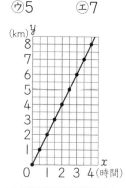

考え方 **1** ③横軸にxの値(時間)、縦軸にyの値(道のり)をとっています。対応するx、yの値(たとえば、xの値1、yの値2)の組を表す点をとるときには、横軸の1の目もりと縦軸の2の目もりとが交わるところに点(・)をとります。

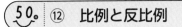

50. ⑫ 比例と反比例   50 ページ

❶ ①$y=0.8×x$ ②4

③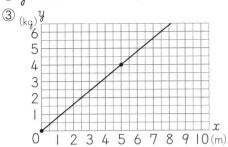

考え方 ❶ ③xの値5に対応するyの値が4になるので、(xの値5、yの値4)を表す点をとります。この点と、横軸と縦軸の交わった点(xの値0、yの値0)を通る直線をひきます。

51. ⑫ 比例と反比例   51 ページ

❶ ①0.5km   ②6分   ③$y=0.5×x$
   ④5km

❷ ①90g   ②8m   ③300g

考え方 ❶ ①横軸の1の目もりの線がグラフと交わる点の縦軸の目もりをよみます。②縦軸の3の目もりの線がグラフと交わる点の横軸の目もりをよみます。④③で求めた$y=0.5×x$の式で、xの値が10のときのyの値を求めます。
❷ ①横軸の6の目もりの線がグラフと交わる点の縦軸の目もりをよみます。縦軸の1目もりは10gになっています。③グラフが、横軸と縦軸の交わる点を通る直線になっているので、針金の重さは針金の長さに比例します。グラフより、針金の長さが4mのときの重さが60gであることがわかります。20mは4mの5倍ですから、その重さも60gの5倍になります。

52. ⑫ 比例と反比例   52 ページ

❶ ①答え A
   わけ Aのほうが同じ時間で長い道のりを進んでいるから。
   ② A 9km、B 8km
   ③ Aが3分早く着く。

❷ ①比例、重さ
   ② 式 $\boxed{800}÷\boxed{4}=\boxed{200}$
          答え 約200枚

考え方 ❶ ③ Aは12kmを8分で進むから、36kmの地点には24分後に着きます。Bは12kmを9分で進むから、36kmの地点には27分後に着きます。

53. ⑫ 比例と反比例   53 ページ

❶ ①$\frac{1}{2}$倍、$\frac{1}{3}$倍、……になる。
   ②2倍、3倍、……になる。   ③24

❷ ①$\frac{1}{2}$倍、$\frac{1}{3}$倍、……になる。
   ②反比例、72

考え方 ❶ 表を左から右へ横に見たとき、縦の長さが2倍、3倍、……になると、横の長さは$\frac{1}{2}$倍、$\frac{1}{3}$倍、……になります。また、表を右から左へ横に見ると、縦の長さが$\frac{1}{2}$倍、$\frac{1}{3}$倍、……になると、横の長さは2倍、3倍、……になります。
❷ ②反比例する2つの量では、対応する値の積はいつもきまった数になります。

54. ⑫ 比例と反比例   54 ページ

❶ ①あ×   い×   う○   え×
   ②あ×   い×   う○   え×
   ③う

考え方 ❶ ③反比例する2つの量では、一方の値が2倍、3倍、……になると、他方の値は$\frac{1}{2}$倍、$\frac{1}{3}$倍、……になります。

55. ⑫ 比例と反比例   55 ページ

❶ ①$\boxed{x}×\boxed{y}=\boxed{36}$ ②$y=36÷x$

❷ ①$x×y=80$ （$y=80÷x$）
   ②$x×y=600$ （$y=600÷x$）
   ③$x×y=180$ （$y=180÷x$）

考え方 ❶ ①縦の長さxと横の長さyの値の積がいつも36できまった数になっています。

❶ ① $y=8\div x$

②

x(cm)	1	1.5	2	2.5	3	3.5
y(cm)	8	5.3	4	3.2	2.7	2.3

4	4.5	5	5.5	6	7	8
2	1.8	1.6	1.5	1.3	1.1	1

③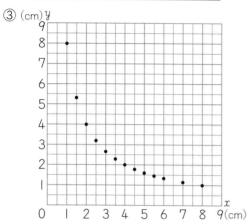

考え方 ❶ ② ①の式 $y=8\div x$ で表の x の値に対応する y の値を求めます。概数にするときは、$\frac{1}{100}$ の位を四捨五入します。

❶ ⑦

❷ ① $1.5\times x=y$
　　（$y=1.5\times x$）
② 右の図

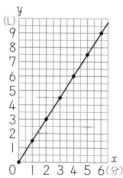

❸

x(cm)	1	1.5	2.4	4.5	4.8	6
y(cm)	36	24	15	8	7.5	6

7.2	9	12	18	20
5	4	3	2	1.8

おうちのかたへ ❶ ⑦$x+y=6$、⑦$y=5\times x$
❸ 表より、x の値が 9 のとき y の値が 4 だから、この平行四辺形の面積は 36cm² で、x と y の関係は $y=36\div x$ で表されます。これより対応する値を求めましょう。

❶ ①50 円ずつ安くなる。
② えん筆…5 本、ボールペン…5 本
❷ みかん…5 個、りんご…7 個
❸ ①200 円ずつ多くなる。
② 120 円のノート…15 冊
　　80 円のノート…5 冊

考え方 ❶ ②40 円のえん筆を 0 本としたときのあわせた値段 900 円と、代金 650 円との差は 250 円です。
250÷50=5 ですから、えん筆の数を 5 本にすればよいことになります。
❷ みかんを 1 個増やすと、あわせた値段は 20 円安くなります。（900−800）÷20=5 ですから、みかんの数を 5 個にすればよいことになります。

❶ ① 右の図
② 1 から 36 までの 5 の倍数
❷ ①7、1
② 6、7

1	2	3	4	5	6
7	8	9	10	11	12
13	14	15	16	17	18
19	20	21	22	23	24
25	26	27	28	29	30
31	32	33	34	35	36

❶ 式　130×98÷2=6370
　　　　　　　答え　約 6370km²
❷ 式　6×3=18　　答え　約 18cm²
❸ 式　10×7÷2=35　　答え　約 35m²

考え方 ❸ およその形を、底辺が 10 目もり、高さが 7 目もりの三角形とみます。

❶ ①縦…7m　横…5m　高さ…0.8m
② 式　7×5×0.8=28
　　　　　　　　　答え　約 28m³
❷ ①縦…0.8m　横…1.2m　高さ…1m
② 式　0.8×1.2×1=0.96
0.96×1000=960
　　　　　　　答え　約 960L

❸ 式 （10×10×3.14）×6=1884

答え 約1884cm³

考え方 ❶ ①図のプールの形を、縦7め
もり、横5めもりの長方形とみます。
❷ ②答えの単位をリットルにすること
を忘れないようにしましょう。

（<ruby>わす<rt></rt></ruby>）

62。 データの整理と活用／比とその利用 62ページ

❶ ①

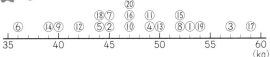

② 中央値 47kg、最頻値 47kg
③ 6年生 男子の体重 ④

体重(kg)	人数(人)
以上 未満 35 ～ 40	2
40 ～ 45	4
45 ～ 50	7
50 ～ 55	5
55 ～ 60	2
合　計	20

(人)6年生 男子の体重

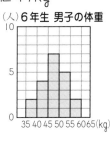

35 40 45 50 55 60 65(kg)

❷ ①× ②○ ③○ ④×
❸ ①3：7 ②7：10 ③1：3 ④3：8

**おうちの
かたへ** ❶ 40kg 以上は 40kg か 40kg よ
り重い範囲です。40kg 未満には 40kg は
ふくまれません。

63。 図形の拡大と縮小／およその形と大
きさ／比例と反比例 63ページ

（<ruby>かくだい<rt></rt></ruby>）（<ruby>しゅくしょう<rt></rt></ruby>）

❶ ①

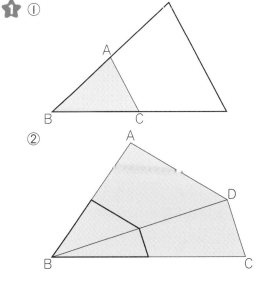

②

---

❷ ① 式 45×30=1350

答え 約1350cm²

② 式 （12+20）×10÷2=160

答え 約160m²

❸ ①△ ②× ③○ ④△

**おうちの
かたへ** ❶ ②多角形の拡大図や縮図をか
くときには、多角形をいくつかの三角形に
分けてかきます。まず、BとDを結びます。
そして、線分BA、線分BD、線分BCの
長さをはかり、それぞれの半分の長さのと
ころに頂点を決めます。
❷ およその形を、①は底辺45cm、高
さ30cmの平行四辺形、②は上底12m、
下底20m、高さ10mの台形とみます。

64。 よういスタート！ 64ページ

❶ ①$\frac{1}{8}$ ②$\frac{1}{12}$

③ 式 $\frac{1}{8}+\frac{1}{12}=\frac{5}{24}$ 答え $\frac{5}{24}$

④ 式 $1÷\frac{5}{24}=\frac{24}{5}\left(4\frac{4}{5}\right)$

答え $\frac{24}{5}$分$\left(4\frac{4}{5}分\right)$

❷ 式 $\frac{1}{30}+\frac{1}{45}=\frac{1}{18}$

$1÷\frac{1}{18}=18$ 答え 18分

65。 よういスタート！ 65ページ

❶ ①$\frac{1}{10}$ ②$\frac{1}{5}$

③ 式 $\frac{1}{10}×8=\frac{4}{5}$、$1-\frac{4}{5}=\frac{1}{5}$

$\frac{1}{5}÷\frac{1}{5}=1$ 答え 1分

❷ ① 式 $\frac{1}{15}×10=\frac{2}{3}$、$1-\frac{2}{3}=\frac{1}{3}$

$\frac{1}{3}÷\frac{1}{6}=2$ 答え 2分

② 式 $\frac{1}{6}×5=\frac{5}{6}$、$1-\frac{5}{6}=\frac{1}{6}$

$\frac{1}{6}÷\frac{1}{15}=\frac{5}{2}\left(2\frac{1}{2}\right)$

答え $\frac{5}{2}$分$\left(2\frac{1}{2}分\right)$

66. 6年のまとめ［数学へのパスポート］数と式（整数・小数・分数） **66ページ**

❶ ⑦0.2　④0.75　⑦0.82　⑤1.08

❷ ①280　②45　③178　④2030

❸ ①3.2　②40.8　③357.0

❹ ①6.7　②30　③140

❺ ①18　②28　③60

❻ ①5　②7　③13

考え方 ❸ 小数第2位の数を四捨五入して、小数第1位までの数で答えます。

❹ 上から2けたの概数を求めるときには、上から3けた目を四捨五入します。

67. 6年のまとめ［数学へのパスポート］数と式（分数と小数） **67ページ**

❶ ①5　②7

❷ ①$1\frac{3}{4}$　②$3\frac{2}{3}$　③$\frac{12}{5}$　④$\frac{8}{7}$

❸ ①$\frac{2}{3}$　②$\frac{1}{2}$　③$\frac{5}{6}$　④$\frac{2}{3}$

❹ ①$\frac{24}{40}$、$\frac{25}{40}$　②$\frac{3}{18}$、$\frac{4}{18}$　③$\frac{17}{24}$、$\frac{20}{24}$

❺ ①0.2　②1.75　③$\frac{3}{5}$

④$\frac{12}{5}\left(2\frac{2}{5}\right)$

❻ ①$3.5>\frac{13}{4}$　②$\frac{8}{5}=1.6$　③$\frac{5}{8}>0.38$

68. 6年のまとめ［数学へのパスポート］数と式（式） **68ページ**

❶ ①$x×6=y$　②$80-x×3=y$
③$1200÷x=y$　④$12×x÷2=y$

❷ ①⑦　②④　③⑦　④⑤

69. 6年のまとめ［数学へのパスポート］計算と見積もり（計算、計算のきまりとくふう） **69ページ**

❶ ①4.2　②9.96　③4.2　④0.6
⑤22.8　⑥2.7　⑦2.5　⑧0.75

❷ ①13あまり1　②19あまり9
③14あまり3.4　④3あまり0.4

❸ ①$\frac{8}{15}$　②$\frac{13}{12}\left(1\frac{1}{12}\right)$
③$\frac{13}{18}$　④$\frac{5}{12}$　⑤$\frac{1}{4}$
⑥$\frac{15}{4}\left(3\frac{3}{4}\right)$　⑦$\frac{6}{5}\left(1\frac{1}{5}\right)$　⑧$\frac{1}{16}$

❹ ①12.8　②18000　③800
④6.8　⑤4496

70. 6年のまとめ［数学へのパスポート］図形と量（平面） **70ページ**

❶ ⓐ45°　ⓘ70°　ⓤ65°

❷ ①20cm²　②168cm²　③35cm²
④113.04cm²

❸ ①1.5倍
②辺BD…8.1cm　辺DE…6.75cm
　角E…60°　　　角D…75°

❹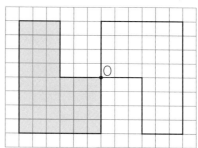

考え方 ❹ 点対称な図形は、対称の中心から対応する2つの点までの長さが等しい性質を利用します。対称の中心Oと頂点を通る直線をひき、その頂点に対応する点をみつけます。

71. 6年のまとめ［数学へのパスポート］図形と量（立体） **71ページ**

❶ ①三角柱　②長方形　③3本

❷ ①ⓚの面
②ⓐ、ⓤ、ⓞ、ⓚの面

❸ ① 式　（9×12÷2）×20=1080
　　　　　答え　1080cm³
② 式　（4×4×3.14）×10=502.4
　　　　　答え　502.4cm³
③ 式　（6+8）×5÷2×12=420
　　　　　答え　420cm³

考え方 ❷ ①ⓐとⓤ、ⓘとⓔ、ⓞとⓚの面がそれぞれ平行になります。

❸ 角柱や円柱の体積は、
（底面積）×（高さ）で求められます。
②底面は、直径が8cmより、半径4cmの円です。
③底面が台形、高さが12cmの四角柱です。

72. 6年のまとめ [数学へのパスポート] 図形と量（単位）

❶ ①1000　②1000　③1000
④100　⑤10　⑥100
⑦100　⑧1000000

❷ あ $\frac{1}{1000}$　い $\frac{1}{10}$　う10　え100

❸ ①L　②m　③m²　④g

考え方 ❶ ⑤IdLの10倍がILです。
⑥Icmの100倍がImです。
❷ ある単位の前にd（デシ）がつくと
$\frac{1}{10}$倍、c（センチ）がつくと$\frac{1}{100}$倍、m
（ミリ）がつくと$\frac{1}{1000}$倍を表します。

73. 6年のまとめ [数学へのパスポート] 変化と関係（割合と比）

❶ ①15　②15　③60　④40
❷ ①6：5　②2：5　③5：2　④6：5
❸ 比152：136（19：17）　比の値 $\frac{19}{17}$
❹ 式　$14÷\frac{2}{5}=35$　　答え　35個
❺ ①24cm　②15cm

考え方 ❶ ①50×0.3=15
②600÷4000=0.15、0.15=15%
③□×0.05=3、□=3÷0.05=60
④□×0.75=30、□=30÷0.75=40
❹ お父さんが持っているあめの個数を□
とすると、$14÷□=\frac{2}{5}$ となります。
❺ ①3：4=18：□ → □=24
②3：4=□：20 → □=15

74. 6年のまとめ [数学へのパスポート] 変化と関係（単位量と速さ）

❶ 式　みき 140÷50=2.8（kg）
ゆか 200÷80=2.5（kg）
　　　　　答え　みきさんの家の畑
❷ 式　鉄 632÷80=7.9（g）
銅 623÷70=8.9（g）
　　　　　答え　銅
❸ ①分速 0.3km（分速 300m）
②時速 54km　③30km
④1.5時間（1時間 30分）

考え方 ❷ 同じ体積の重さをくらべます。そ
れぞれ Icm³ あたりの重さを求めましょう。
❸ ①7.5÷25=0.3　　分速 0.3km
②2時間30分＝2.5時間
135÷2.5=54　　時速 54km
③40分＝$\frac{2}{3}$時間　　$45×\frac{2}{3}=30$km
④75÷50=1.5　　1.5時間

75. 6年のまとめ [数学へのパスポート] 変化と関係（ともなって変わる数量）

❶ ①

x（個）	1	2	3	4	5
y（円）	80	160	240	320	400

式　$y=80×x$、○

②

x（km）	1	2	3	4	5
y（時間）	30	15	10	7.5	6

式　$y=30÷x$、△

❷ ①比例している。　②$y=20×x$
③ 式　$100=20×x$
$x=100÷20=5$　　答え　5m
④ 式　$y=20×18=360$　答え　360g

考え方 ❷ y が x に比例するとき、
y＝決まった数×x の式で表せます。

76. 6年のまとめ [数学へのパスポート] データの活用（グラフ）

❶ ①6.7回　②5回　③4回
④ 忘れ物をした回数

回数（回）	人数（人）
以上 未満 0 ～ 5	9
5 ～ 10	5
10 ～ 15	4
15 ～ 20	2
合　計	20

⑤（人）忘れ物をした回数
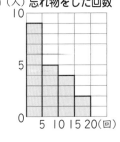

❷ ①B　②A　③C

考え方 ❶ ①忘れ物をした回数の合計は
134回だから平均は134÷20=6.7（回）
❷ 土地の利用のようすなどを表すのによ
いのは、帯グラフや円グラフです。気温の
移り変わりを表すのによいのは、折れ線グ
ラフで、商品の種類別の生産量や作物の
しゅうかく量の年ごとの変化などを表すの
によいのは、棒グラフです。

77. 6年のまとめ［数学へのパスポート］ 問題の見方・考え方　77ページ

① 145円

② 160a

③ 4分後

④ ①姉…108個、妹…72個
②姉…100個、妹…80個

⑤ みかん…70円、りんご…230円

考え方 **①** $(1120+40)÷8=145$

② $800×\frac{4}{5}=640$、$640×\frac{1}{4}=160$

③ ひろみさんが分速80mで8分歩いた道のりは、640mになります。けんじさんは1分間に（240−80＝）160mずつ追いつくので、（640÷160＝）4分後に追いつきます。

④ ①姉と妹のおはじきの数の比は、3：2になります。

78. 文字と式／分数×分数／分数÷分数　78ページ

① ①エ　②イ　③ア　④ウ

② ①$\frac{5}{9}$　②$\frac{4}{3}\left(1\frac{1}{3}\right)$　③$\frac{1}{4}$
④$\frac{5}{6}$　⑤$\frac{11}{3}\left(3\frac{2}{3}\right)$　⑥$\frac{7}{5}\left(1\frac{2}{5}\right)$
⑦$\frac{1}{4}$　⑧$\frac{6}{5}\left(1\frac{1}{5}\right)$　⑨$\frac{5}{6}$
⑩$\frac{2}{7}$　⑪$\frac{2}{5}$　⑫1

③ ①60　②50

> **おうちのかたへ** ⑦の式は、1m=100cmですから、$100-x×5$となります。

79. データの整理と活用／円の面積／立体の体積／比とその利用　79ページ

① ①10%
②区間40〜49才、人口約1971万人

② ①50.24cm²　②56.52cm²
③28.26cm²

③ ①1080cm³　②1695.6cm³

④ 式　$3：2=□：10$
$10÷2=5$
$3×5=15$　　答え　15km²

> **おうちのかたへ** ①グラフから、男は5.1%、女は4.9%になっていることがわかります。
> ②いちばん多い区間は40〜49才で、男は7.9%、女は7.8%になっていることがわかります。総人口12557万人の$7.9+7.8=15.7$%です。
> **②** 円の面積＝半径×半径×3.14
> **③** 立体の体積＝底面積×高さ
> **④** 民家の面積を□とすると、面積の比が3：2だから、3：2＝□：10と表されます。

80. 図形の拡大と縮小／場合を順序よく整理して　80ページ

① 約26m、縮図は省略

② 6試合

③ 6とおり

④ ①9個　②18個

> **おうちのかたへ** **①** 縮図をかくと、ABの長さが約5.2cmになるので、実際の川幅はその500倍の約26mになります。
>
> （図：A, B, C の三角形、AB=5.2cm、CB=3cm、角C=60°）
>
> **②** A−B、A−C、A−D、B−C、B−D、C−Dの6試合です。
> **③** メリーゴーランドをメ、ジェットコースターをジ、ゴーカートをゴとかくとすると乗る順番は、
> （メ、ジ、ゴ）、（メ、ゴ、ジ）、（ジ、メ、ゴ）、（ジ、ゴ、メ）、（ゴ、メ、ジ）、（ゴ、ジ、メ）の6とおりです。
> **④** ①1枚めに0のカードはあてはまりません。10の位は、1、2、3のいずれかになります。
> ②100の位の数字が1の場合は、102、103、120、123、130、132の6とおりになります。同じように、100の位の数字が2と3の場合を考えます。